JN003456

天文学者が解説する

宮沢賢治『銀河鉄道の夜』と宇宙の旅

谷口義明

光文社新書

図Ａ　27歳の宮沢賢治。1924年（大正13年）1月12日撮影。ちょうど賢治が『銀河鉄道の夜』を書き始めた時期の写真である。写真提供：日本近代文学館

まえがき

賢治ほど人の心に残っている作家は珍しい。まず、〔雨ニモマケズ〕だ[*1]。この詩を知らない人はいないだろう。そして、『注文の多い料理店』。これも代表作の一つだ。題名から、さぞかし繁盛しているレストランかと思いきや、期待は裏切られる。注文されるのはお客のほうだからだ。そして予想外の悲劇が待っている。推理小説のようでもあり、ホラー小説のようでもある。不思議な作品だ。

私も子供の頃から、これら二つの作品は知っていた。好きか嫌いかは別として、やはり賢治が人の心に残る作家であることは間違いないように思う。賢治が醸し出す雰囲気。その雰囲気は、やはり〝不思議〟の一言に尽きるのではないだろうか。よく分からないのだが、私たちは賢治のそういうところに惹かれているのかもしれない。

図B　『銀河鉄道の夜』（宮沢賢治作、金井一郎絵、miki HOUSE、2013年）

37歳で夭折《ようせつ》した賢治だが、膨大な量の作品（短歌、詩、童話、歌曲）を遺《のこ》した。筑摩書房の『【新】校本宮沢賢治全集』の背表紙を眺めていると、感慨にふけってしまう。25歳のとき（大正十年、１９２１年）、賢治は東京に家出している。そのときには一ヶ月で原稿３０００枚を書いたというから驚く。その情熱やエネルギーには頭が下がる思いだ。

その賢治の膨大な著作の中から、本書では『銀河鉄道の夜』に焦点を当てることにしたい。ことの発端は２０１８年の夏に、賢治の故郷、花巻を訪れたことだ。いつものように宮沢賢治記念館を訪れたあと、ふもとにある宮沢賢治童話村に行ってみた。お土産物のコーナーには賢治の本も売っていた。その中でひときわ目立っていた本が『銀河鉄道の夜』だった（図B）。大型の絵本仕立てであり、美しい本だ。

『銀河鉄道の夜』は賢治の童話の中では名作中の名作として名高い。久しく読んでいないなあと思い、買い求めて仙台の自宅に戻った。

自宅に戻って書斎の本棚を見ると、なんと『銀河鉄道の夜』の文庫本が三冊も並んでいるではないか。私は出張が多いので、旅先の本屋さんで目にしては買ったのだろう。しかし、考えてみると、あまりきちんと読んだことはないような気がしてきた。今回、花巻で四冊目の『銀河鉄道の夜』に出会ったのも何かの縁だ。せっかくの機会なので、きちんと読んでみる気になった。

そのとき、はたと思いついた。私の職業は天文学者だ。

・『銀河鉄道の夜』をきちんと読む
・宇宙がイメージされる言葉について、天文学者の立場から解説する
・それらをまとめると、天文学の面白い入門書になる

つまり、『銀河鉄道の夜』から話題をいただいて、宇宙を楽しんでみようということだ。

私の知る限り、そういう試みはない。だったらやってみよう。このような経緯で本書はできあがった。

本書の構成は以下のようになっている。まず、第1章で賢治の生涯を概観する。賢治がどういう人だったのか知らないと話は進まないからだ。また、天文学と物理学は、賢治の時代にどの程度理解されていたのかを振り返る。そして、『銀河鉄道の夜』のストーリーをまとめておくことにしよう。賢治がなぜ『銀河鉄道の夜』というユニークな童話を構想できたのかも考えてみたい。

そして、第2章が本書のメインである。ここでは『銀河鉄道の夜』を読み進めながら、天文学に関わる部分を読み解いていく。つまり、天文学者の立場から言えることを紹介していく趣向だ。

さて、それでは銀河鉄道に乗って旅に出よう。ガイドを務めるのは、申し訳ないが賢治ではない。天文学者の私だ。それでも、お楽しみいただけたら幸いである。

仙台の自宅にて

本書で用いる『銀河鉄道の夜』は一般に流布している第四次稿である。『銀河鉄道の夜』は１９２４年頃から書き始められ（第一次稿）、死ぬ直前まで推敲《すいこう》が続けられていた形跡がある。その意味では完成作品ではない。しかし、次の賢治の言葉がある。

永久の未完成これ完成である

（第十三巻〈上〉『農民芸術概論綱要』、16頁）

ということで、第四次稿を完成稿として用いることにした。

また、宮沢賢治は正しくは宮澤賢治と表記するが、本書では宮沢賢治と表記する。ただし、引用元が宮澤と書かれている場合はそれに従った（本書では、主に「賢治」と書かせていただく）。なお、読みやすさを考え、引用箇所では改行と字下げを変更した部分がある。また、本書で宮沢賢治の著作を引用する場合、すべて『【新】校本 宮沢賢治全集』（筑摩書房）に準拠する。引用箇所を指定する際には、巻数、タイトル、および頁数のみを示すこととする。ただしタイトルは、『銀河鉄道の夜』以外の作品の場合に示すこととする。

なお、旧字は新字に改め、ルビを振った箇所がある。また、本書の文中では敬称を略させていただいていることを申し添えておきたい。

天文学者が解説する

宮沢賢治『銀河鉄道の夜』と宇宙の旅　目次

第1章
『銀河鉄道の夜』と賢治の時代

(左) 1926年 (大正15年) 3月、花巻農学校付近を散策する29歳の賢治。『銀河鉄道の夜』の推敲を進めていた頃である。写真提供:日本近代文学館
(右) 自宅のマンションのバルコニーにてたたずむ賢治の人形。宮沢賢治記念館前にある“工房　木偶乃坊”で、15年ぐらい前に購入した“デクノボーこけし”である。もちろん、これは左の有名な賢治の写真をモチーフにして製作されている。

本書の目的は宮沢賢治の童話『銀河鉄道の夜』にお題をいただいて、宇宙を理解していくことにある。しかし、その前に宮沢賢治とはどういう人だったのかを知っておく必要があるだろう（第1節）。また、賢治の生きていた時代、天文学や物理学はどの程度理解されていたのかも知っておく必要がある。今からざっと百年も前のことだ。そのため、どのような知識体系のもとで、『銀河鉄道の夜』が書かれたかを理解しておくほうがよい。そこで、まず賢治の生涯を簡単に紹介し、そのあとで賢治の時代の天文学と物理学の発展状況を解説することにしよう（第2・第3節）。

『銀河鉄道の夜』にお題をいただくのは第2章だが、『銀河鉄道の夜』がいったいどのような物語なのかを、この章の第4節で概観しておくことにする。また、賢治がなぜ『銀河鉄道の夜』の構想を得たのか、面白い話題がある。それを第5節で紹介して、第2章に繋げることにしよう。

１-１　賢治とは

賢治の人生

１８９６年（明治29年）、賢治は岩手県稗貫《ひえぬき》郡里川口《さとかわぐち》村で生まれた。現在の花巻市である。戸籍上の誕生日は８月１日だが、実際には８月27日であるとされている。父は政次郎《まさじろう》、母イチ。父系も母系も、始祖は元禄時代の公家であり、京都から花巻にやってきた藤井将監《しょうげん》である。

賢治の名前は政次郎の弟である治三郎がつけたとされる。賢治は長男で、３人の妹（トシ、シゲ、クニ）とひとりの弟がいた（清六）。

１９３３年（昭和８年）９月21日、賢治は急性肺炎で死去した。わずか37年の人生であった。賢治の学歴と職歴を、それぞれ表１-１と表１-２にまとめたのでご覧いただきたい。

宮沢家の家業は質・呉服商であるが、花巻きっての財閥であり、宮沢一族《まき》と呼ばれているほどだった。また、父の政次郎は浄土真宗の熱心な信者であった。つまり、賢治は裕福で、

賢治の学歴	入学年度	年　齢
花巻川口小学校	1903年（明治36年）	7歳
盛岡中学校[a]	1909年（明治42年）	13歳
盛岡高等農林学校[b]	1915年（大正４年）	19歳

[a]1914年（大正３年）３月に卒業（18歳）。当時の中学校は５年生まであった。
４月には鼻の病気（肥厚性鼻炎）で岩手病院に入院し手術を受ける。
[b]農芸化学科に入学。1918年（大正７年）３月に卒業（22歳）。４月からは盛岡高等農林学校の研究生となり、1920年（大正９年）５月に修了。なお、盛岡高等農林学校は1902年の開校で、1952年に廃止された。その後は、1949年に開校した岩手大学の農学部に受け継がれた。

表１-１　賢治の学歴

職場名	入社年度	年　齢
稗貫農学校[a]	1921年（大正10年）12月	25歳
羅須地人協会[b]	1926年（大正15年）４月	30歳
東北砕石工場[c]	1931年（昭和６年）１月[d]	35歳

[a]1926年（大正15年）３月に退職（30歳）。稗貫農学校は蚕業講習所として1906年（明治39年）に設立されたが、1921年に稗貫農学校となり、さらに1923年には花巻農学校と改称された。現在の花巻農業高等学校である。羅須地人協会の活動に使用された建物は花巻農業高等学校の敷地内に現存する。
[b]羅須地人協会は会社ではなく、農民を支援するボランティア組織のようなものである。1927年、社会主義活動の疑いで花巻警察の聴取を受け、活動は下火になる。
[c]1924年の創業で、1978年には操業を停止した。会社の隣には“石と賢治のミュージアム”がある（一関市が運営する市立の博物館）。
[d]商品の売り込みのために東京に出向いた際に発熱で倒れ（９月20日）、その後は花巻に戻り療養生活に入る（９月28日）。

表１-２　賢治の職歴

仏教の香り高い家で育ったことになる。なんだか羨《うらや》ましい話だが、賢治はこれら二つのことで父とはうまくいかないことがあり、いろいろと挫折を抱えた。つまり、家業を継いではほしい父と継ぎたくない賢治。浄土真宗とは異なる宗派への傾倒。これらの要素が賢治の人生に少なからず影響を与えたということだ。

『銀河鉄道の夜』を読むと分かるが、賢治は〝本当の幸せ〟とは何かを考え続けた人である。本書のメインテーマは宇宙の探求なので、これ以上詳しくは述べないが、賢治の人生について知りたい方は巻末にあげた賢治関係の書籍を読まれるとよいだろう。

賢治の文芸活動

『銀河鉄道の夜』は童話であるが、賢治の文芸活動は童話だけにとどまるものではない。盛岡中学校の先輩である石川啄木の影響を受けて、短歌を詠《よ》むようになったのが最初の文芸活動である。石川啄木（１８８６‐１９１２）の第一歌集『一握の砂』が刊行されたのは１９１０年（明治四十三年）。賢治が14歳のときであった。[*2]

まず、賢治の創作活動の歴史をざっと眺めると以下のようになる。

創作の種類	時　期	年　齢
短歌	1910年（明治43年）～ 1921年（大正10年）	14～25歳
童話・口語詩	1922年（大正11年）～ 1930年（昭和5年）	26～34歳
文語詩	1931年（昭和6年）～ 1933年（昭和8年）	35～37歳

[a]この履歴は斎藤文一による『科学者としての宮沢賢治』（平凡社新書、2010年）に準拠した。同書の第一章 第III節 作品を辿る、23頁から54頁を参照。

表1-3　賢治の創作活動の履歴[a]

・短歌の創作を開始　14歳（1910年）
・文芸同人誌「アザリア」創刊　21歳（1917年）
・上京中に童話を多作　25歳（1921年）
・『春と修羅』起稿　26歳（1922年）
・『春と修羅』を自費出版　28歳（1924年4月20日）
・『銀河鉄道の夜』の創作開始　28歳（1924年）
・『注文の多い料理店』を東京光原社から出版　28歳（1924年12月1日）

賢治の創作活動は時期によって種類が異なることが知られている。それを表1-3にまとめたのでご覧いただきたい。

啄木の影響を受けて短歌の創作を開始した賢治だが、二人の作風はまったく異なるといってよいだろう。例えば、啄木の代表的な短歌を見てみよう。

ふるさとの訛《なまり》なつかし　停車場の人ごみの中に　そを聴きにゆく

東海の小島の磯の白砂に　われ泣きぬれて　蟹とたはむる

情緒的、あるいはセンチメンタル、また生活感もある。

一方、賢治の短歌は写実的で、見たものや感じたことをあたかも日記のように書き綴《つづ》っている感じがする。例えば、盛岡の北にある南昌山に登ったときに詠《よ》まれた歌はこうである。

岩鐘のきわだちくらき肩に居て夕の雲は銀のあいさつ

（第一巻　短歌番号５８３、77頁）

自分の経験したことと、そのとき感じたことがストレートに詠まれている。もっとすごい歌もある。

「何の用《よ》だ」「酒の伝票」「誰《だれ》だ。名は」「高橋茂《も》吉《ぎづ》」「よしきたり。待で」

（第一巻　短歌番号４１５、55頁）

写実的どころではない。会話そのものがメモされた歌だ。賢治の短歌にルールはない。

創作の源泉

賢治の作品を読んで感じることは〝賢治は不思議な人〟ということだ。五感のみならず、第六感、いや霊感というべきか、すべての感覚が常人ではありえないレベルで研ぎ澄まされていたと感じるからだ。実際のところ、『注文の多い料理店』の序文にある次の文章を読むと、賢治の創作の源泉がなんであるかが分かる。

> これらのわたくしのおはなしは、みんな林や野はらや鉄道線路やらで、虹や月あかりからもらつてきたのです。
> ほんたうに、かしはばやしの青い夕方を、ひとりで通りかかつたり、十一月の山の風のなかに、ふるえながら立つたりしますと、もうどうしてもこんな気がしてしかたないのです。ほんたうにもう、どうしてもこんなことがあるやうでしかたないといふことを、わたくしはそのとほり書いたまでです［。］

大正十二年十二月二十日　宮澤賢治

（第十二巻『イーハトヴ童話　注文の多い料理店　序』、7頁）

つまり、普通の人は何か意識をして考える。その考えた結果を作品にしていく。ところが、賢治はそういうことをしていないのである。賢治は賢治の居る場所にあるもの、あるいはそこに居るものたちと交感し、それを通じて感じたことを書き留めているだけなのである。それが賢治の作品なのだ。

例えば、私は今、この文章を書いている。そのとき、私の頭の中の思考回路はほぼ閉じている。そうでなければ、まとまりのある文章を書くことは難しい。ところが賢治の場合、作品を書いているときでさえ、思考回路は外に開いている。まるで巨大なパラボラ・アンテナのようにである。そのアンテナに入ってくる情報（音、色、香りなど）は、瞬時に賢治と友達になる。賢治はその友達との会話を書き写すだけだ。それが賢治の作品になっているのである。

賢治のこの性向は、友人の保阪嘉内《かない》に宛てた手紙に見ることもできる。

いま我にあやしき姿あるが故に人々われを凝視す。しかも凝視するものは人々にあらず。我にあらず。その最中にありて速にペン、ペンと名づくるものを動かすものはもとよりわれにはあらず。われは知らず。知らずといふことをも知らず。おかしからずや。

（第十五巻　手紙番号＝１５４、１７７頁）

この手紙にある、

ペンと名づくるものを動かすものはもとよりわれにはあらず。

という文章の意味するところは、賢治の作品は賢治が書いているわけではないということだ。対峙《たいじ》した自然や周りの出来事が賢治に書かせているだけなのである。自然から放たれた光を、賢治の五感や第六感が受光する。そして、それは賢治の手にしているペンによって現像される。できあがった写真は賢治の作品として自動的に昇華しているのである。これでは、私たち常人が敵《かな》うはずはない。結局のところ、賢治自らが創造した言葉である〝心象スケッチ〟ということなのだろう。

１-２　賢治の時代の天文学

星雲から銀河へ

賢治が生まれた頃（生年１８９６年）、人類はまだ正しい宇宙観を持っていなかった。ここで、「正しい宇宙観」と表現したが、正確には現在の宇宙観という意味である。現在の宇宙観が正しいかどうかは不明である。

私たちの住んでいる宇宙は、ダークマター（暗黒物質）とダークエネルギー（暗黒エネルギー）に支配されている。いずれも正体不明。賢治の時代に比べれば、格段に宇宙の理解は進んだものの、人類はまだまだ宇宙を正しく理解しているとはとてもいえる状況にはない。

そもそも、当時は、夜空に見える天の川が宇宙のすべてであると思われていた。つまり、賢治が生まれた頃の宇宙観は、〝天の川＝宇宙〟だったのだ。

肉眼で見ることのできる星は6等星より明るい星だけである。全天では約６０００個になる。ある夜、夜空を眺める場合、全天の半分しか見えない。そのため、頑張って星を数えても３０００個程度の星が見えるだけだが、それでもすごい数だ。

しかし、夜空には雲のように見える天の川が流れている。雲のように見える部分には暗い星々が密集している。17世紀の初めにイタリアの科学者ガリレオ・ガリレイ（１５６４-１６４２）が望遠鏡を使って発見したことだ。したがって、賢治の時代でも、天の川には数えきれない星々があると考えられていただろう。

ただ、〝天の川＝宇宙〟ではない。宇宙には天の川と同じような銀河がたくさんあることが分かったのである。それが、１９２５年のことである。賢治が29歳の頃である。米国の天文学者エドウィン・ハッブル（１８８９-１９５３）の発見だった。彼はそれまで天の川の中にあると思われていたアンドロメダ星雲が、銀河系とは独立した一つの銀河であることを発見したのである。これにより、〝天の川が宇宙のすべてである〟という概念が捨て去られることになった。

こうして、人類の宇宙観は一気に広がった。しかし、〝天の川＝宇宙〟の概念は根強く浸透していた。そのため、宇宙にはたくさんの銀河があるが、それらを〝島宇宙（アイランド・ユニバース）〟と呼ぶようになった。つまり、天の川も一つの島宇宙であり、アンドロメダ銀河も然《しか》りという具合だ。だが、さすがに現在では、島宇宙という言葉は使われていない。

アンドロメダ星雲をアンドロメダ銀河に昇格させたハッブルは、それを契機に銀河の系統的な研究に着手した。そして、銀河の形態に基づく、銀河の分類体系を構築した。１９３６年、“The Realm of the Nebulae”に発表されたものである。ハッブルによる銀河の形態分類は〝銀河のハッブル分類〟（図１－１）と呼ばれ、現在でも銀河研究のガイドラインとして使われている。

ところで、賢治の没年は１９３３年である。つまり、賢治は銀河の多様な世界を知ることなく亡くなったのである。それにしては、第2章で見るように、『銀河鉄道の夜』はあまりにも見事な出来栄えである。

“The Realm of the Nebulae”は邦訳が出ているので、銀河に興味のある方は是非ご一読することを勧める（『銀河の世界』岩波文庫・青９４１－１、戎崎俊一訳、１９９９年）。私は東北大学大学院で銀河の勉強を始めた頃（１９７８年頃）、原著の“The Realm of the Nebulae”を読んでみようと思い、天文学教室の図書室に行き、その本を手に取ってみた。半世紀も前の本なので、ややくたびれていた。結局、そのときは読む気にならなかったので、そっと書

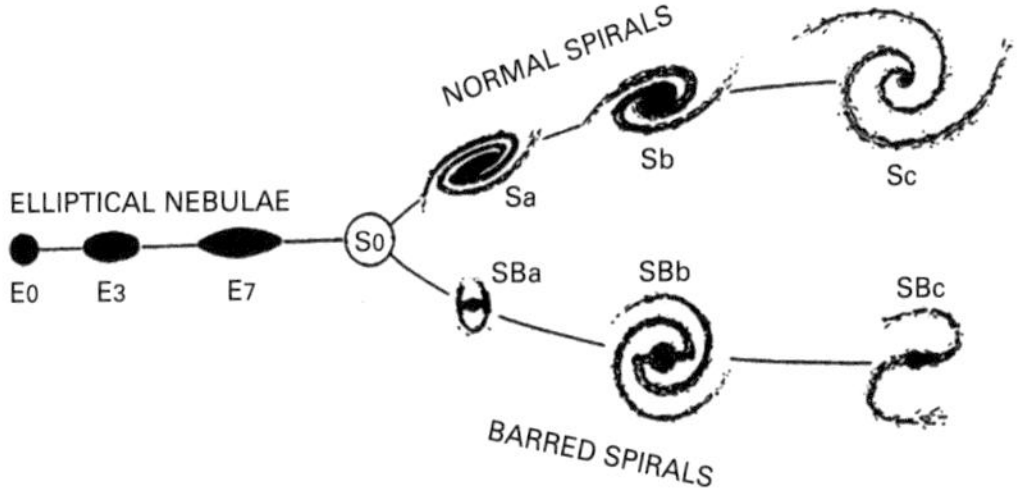

図１-１　銀河のハッブル分類

架に返してしまった。本の装丁と同様に、内容も古いと思い込んでしまったからだ。

邦訳が出たので書店で買い求め、読んでみた。20年ぐらい前のことだ。すると、どうだ。そこに書かれていることは、そのときに読んでいた教科書や論文に書かれていることと変わりがないのだ。当時の銀河の研究のほぼすべては、ハッブルの掌《てのひら》の中にあったのだ。愕然《がくぜん》とした記憶が残っている。

そして、最近、また愕然とすることがあった。岩波文庫版はてっきり最初の邦訳だとずっと思っていた。ところが、そうではなかったのだ。２０１８年の12月、神田神保町の古書店街を訪れたとき、科学関係を専門に扱っている古書店を覗《のぞ》いてみた。天文学のコーナーに行って古書を物色しているとき、見つけた。その本のタイトルは『星雲の宇宙』。著者はＥ・ハッブル！　出版社は恒星社。出版年は昭和12年。１９３７年である。なんと、原著が出てからわずか1年後に邦訳が出ていたのだ。ちなみに価格は三円二十銭である。

翻訳したのは相田八之助。肩書きは理学士になっている。後書きを読んでみると、三鷹天文臺合宿所で草稿を書き上げたと書いてある。おそらく、東京天文台（現在の国立天文台）関係者なのだろう。文体は古いが、内容はしっかりしている。国会図書館で調べてみると、相田には『天文学史物語：地動説物語、恒星物語、太陽物語、銀河物語』なる著書もある。また、日本天文学会の学会誌である「天文月報」第二十八巻第十一號（１９３５年）に相田の記事が掲載されている。タイトルは「寫眞（写真）測光の話（三）」だ。[*3] つまり、相田は日本天文学会の会員でもあったということだ。

ところで、“The Realm of the Nebulae” というタイトルを初めて見たとき、私はなぜか『銀河の王国』という言葉が頭の中に浮かんできた。英単語の realm は〃領域〃〃分野〃〃範囲〃などと訳されるが、〃王国（kingdom）〃や〃国土〃という意味もある。そこで、“The Realm of the Nebulae” というタイトルを見て、「そうか、この宇宙は銀河の王国なのか」と思ってしまったのである。とはいえ、邦訳としては〃銀河の世界〃のほうが落ち着くだろう。

明治・大正時代の天文学の教科書

賢治が当時読んだとされる天文書は、吉田源治郎が著した『肉眼に見える星の研究』だとされている。[*4]　1922年、警醒社から出たものだ。賢治が『銀河鉄道の夜』を書き始めたのは1924年頃といわれているので、その前からこの本を熟読していたのだろう。

いずれにしても、当時は〝天の川＝宇宙〟の時代であった。つまり、正しい宇宙観を学ぶことができない時代だったのである。そこで、『星雲の宇宙』を見つけた神田神保町の古書店で、当時の天文関係の書籍を探してみることにした。思い立ったが吉日である。

すると、次の三冊が見つかった。

・『通俗講義 天文學下巻』一戸直蔵著、大鐙閣、大正九年（三円五十銭）
・『天文學汎論』日下部四郎太、菊田善三著、内田老鶴圃、大正十一年（価格は不明）
・『改訂 天文講話』横山又次郎著、早稲田大學出版部、明治三十五年が初版だが、購入したものは昭和二年刊のもの（二円八十銭）

内容はもちろん古い。日食、月食、流れ星。あとは太陽と太陽系、星、星雲と星団。そして、天の川。その程度に収まっている。当然のことながら、銀河一般の話は出てこない。もちろん、そういう時代だったので、当時の天文書に責任はない。しかし、このような情報だけから『銀河鉄道の夜』を構想し、書き上げるのは並大抵のことではなかっただろうと思う。

ところで、古書店街での探索を終えて、仙台の自宅に戻り、賢治関係の書籍に目を通して驚いた。古書店で購入してきた前述の書籍はそれほど的外れではないことが分かったからである。

『「銀河鉄道の夜」フィールド・ノート』（寺門和夫著、青土社、２０１３年）を見ると、『銀河鉄道の夜』関連年表のところで、横山又次郎『天文講話』が出てくる（１３２頁）。明治35年、１９０２年、賢治が六歳のときである。また、寺門の本（１１１頁）には次のように書かれている。

> １９１０年（明治43）に出版された天文学者、一戸《いちのへ》直蔵の『星』や、１９２２年（大正11）に出版された吉田源治郎の『肉眼に見える星の研究』などを、賢治は読んでいたと思われます。

書名は異なるが、一戸直蔵の名前も出てくるではないか。

まず、横山又次郎の『改訂 天文講話』を紐解いてみた。すると、銀河について次のような説明がある（21頁）。

> 銀河は天をぐるりと取り巻く微白色の条帯である。其通過する星座は白鳥、狐形、鷲形、蛇遣、楯形、人馬、天蝎、壇形、リネアル、センタウルス、[*5]蜂形、船形、一角、双女、オリオン、五車、ペルセウス、カシオペヤ、及びセフヰウス等で二個所で、二枝に岐れてから、又再び合して居る。即ち一度は白鳥で岐れて、壇形で合し、一度は船形で岐れて一角で合して居る。

この記述は天の川の様子が複雑な暗黒星雲の分布のため、暗黒の筋がまっすぐではなく、二手に分かれたり、また一つに戻って見えたりすることを解説している（図1-2、34ページ）。非常に注意深い観察である。しかも、この文章は第2章で見るように『銀河鉄道の夜』で展開される旅に反映されているのだ。

図1-2　精密位置測定衛星GAIAが観測した天の川。この写真には10億個以上もの星が写っている。円盤に沿って見事な暗黒星雲が見えているが、まっすぐな線状の構造ではなく、うねりながら２本になったり、また１本になったりしている様子が分かる。(ESA/GAIA/DPAC)

当時は街灯も少なく、夜空に輝く星は綺麗に見えただろう。したがって、このような解説を読まなくても分かることだったのかもしれない。しかし、まさか星座のことや天の川に流れるように見える暗黒星雲の話が、天文学の教科書に書かれているとは思わなかった。

しかし、昔の天文学の教科書も眺めてみるものである。現在の天文学の教科書では、星座の名前を使って天文の事象を説明することはない。星座の名前が出てくるのは天体名に付く略称ぐらいのものだ。

例えば、こと座のα星ヴェガをα Lyr（アルファ ライラ）と表すが、天文学者が認識するのはこの略称のみであり、〝こと座〟に注意を払う人はいない。なんだか、味気ない時代になったのかもしれない。なお、星座の名前の略称はLyrのようにアルファベット三文字で表されるが、この表記法は第一回の国際天文学連合で決定された。

昔は、星座も天文学における重要な情報になっていたのだろう。まさに、そのことが『銀河鉄道の夜』の構想に繋がっているように思う。

天の川の暗黒帯

また、一戸直蔵の『通俗講義 天文學 下巻』では、天の川に関して、やはり複雑な暗黒帯について述べられている。それは以下の一文である。

> 銀河が白鳥とケンタウルス座との間に二本に分るゝこと（49頁）

図１‐２の天の川の写真を見ると、天の川は中央部の上側に暗黒帯がせり出すように見えている。この分岐のことを議論しているのである。このせり出した部分は「グールド・ベルト」と呼ばれているが（図２‐59〈２９４ページ〉参照）、その名称もきちんと書かれている。

すでに述べたが、このせり出している構造は銀河鉄道の旅路に極めて重要な役割を果たしている。

アンドロメダ銀河は、やはりまだアンドロメダ星雲であり、螺状《らじょう》星雲という名称が与えられている。今でいう渦巻銀河、あるいは渦状《かじょう》銀河のことである。面白いことに、M104（ソンブレロ銀河）については自転をしている兆候が見られると書いてあることだ。これは銀河系内の普通のガス星雲では観測されていないことなので、一目置いていたようである。どうも、一戸直蔵は只者ではないように思えてくる。

『天文學汎論』

さて、話を賢治の時代の天文学の教科書に戻し、もう一冊。日下部四郎太《くさかべしろうた》と菊田善三による『天文學汎論』である。横山又次郎による『改訂 天文講話』と、一戸直蔵による『通俗講義 天文學 下巻』は300頁ぐらいの教科書だが、『天文學汎論』は600頁を超える大著である。

この本も偶然だが、賢治と何がしかの関連がある。まず、日下部四郎太（1875－1924）は山形市の生まれで、1911年には東北帝国大学理科大学（現在の東北大学）の教授になった人だ。そもそも日下部は東北帝国大学理科大学の創設に尽力した人だ。専門は天文学ではなく地球物理学であった。

もう一人の著者である菊田善三は『天文學汎論』の前書きを書いているが、１９２２年での所属は水沢緯度観測所（観測所については２４９～２５０ページ参照）であった。彼の詳細については分からないが、彼の論文は東北学院大学の学術情報リポジトリ（データベースの一種）で見つかるので、その後、東北学院大学に職を得たのかもしれない。いずれにしても、賢治が訪れたことのある東北帝国大学理科大学と、水沢緯度観測所に勤務していた人たちが共著で出した天文学の教科書があったということである。

二十九章から成るこの大著では、最後の三章に興味深い内容が与えられている。当時としては、野心的なテーマに挑戦していたことがうかがえる。

第二十七章　銀河系及び天体の分布
第二十八章　宇宙の限界
第二十九章　生命之分布

天の川における星の分布についてはウィリアム・ハーシェルの成果に準拠して述べられて

いる。何しろ大著なので、いろいろなことについて詳しい解説が与えられている。賢治がこの教科書を読んだかどうかは不明であるが、彼なら興味を持って読破したであろう。そう思われる一冊である。

賢治は科学に大いなる関心を持ち、座右の教科書は『化學本論』（片山正夫著、内田老鶴圃、１９１５年）であったといわれている。[*6] この教科書はなんと１００８頁もあるのだ。『天文學汎論』は６００頁を超える大著だが、『化學本論』に比べれば与《くみ》し易《やす》いだろう。

ところで、賢治が『天文學汎論』を読んでいた可能性はある。１９１８年、友人の保阪嘉内に宛てた手紙の中に、次の一文がある。

今来年中に読まうと思つてゐる本は
日下部氏、物理汎論　上下

（第十五巻　手紙番号＝93、１１１頁）

『天文學汎論』との書名の類似性と著者の姓から考えると、『物理汎論 上下』は日下部四郎太によるものだろう。ただし、その場合、正しい書名は『物理學汎論 上下』である（上下巻とも国立国会図書館デジタルコレクションで読める）。いずれにせよ、宇宙に人並みならぬ興味を持っていた賢治なら、『天文學汎論』も読んでいたとしてもおかしくはない。

なお、明治後期、大正、そして昭和初期に出版された天文学関係の書籍に関しては、『賢治論考』（工藤哲夫著、和泉書院、１９９５年）に14冊紹介されている。「今日の銀河の説」考（２１５‐２６４頁）を参照されたい。また、『宮沢賢治 心象の宇宙論《コスモロジー》』（大塚常樹著、朝文社、１９９３年）の中の〝宮沢賢治と宇宙科学[*7]〟（１２０‐１３６頁）も参考になる。

天の川と銀河、そして宇宙

さて、この節の最後になるが、賢治の時代、天の川、銀河、そして宇宙という言葉がどの程度用いられていたか、あるいは賢治はどの言葉がお気に入りだったか、少し調べておくことにしよう。

まず、〝銀河〟だが、これは現代の天文学では一般名詞であり、恒星の大集団を銀河と呼んでいるだけである。しかし、賢治が『銀河鉄道の夜』を書き始めたといわれる１９２４年頃では、銀河＝銀河系、つまり天の川のことを意味していた。[*8]

実際、これまでに紹介してきた当時の天文学の教科書を見ると、銀河＝天の川となっている。銀河という言葉は天文学の教科書には出てくるが、普通の人たちがどの程度、銀河という言葉に慣れ親しんでいたかは分からない。おそらくは、銀河よりは天の川のほうが馴染《なじ》みのある呼び名だったのではないだろうか。そういう普通の人がこの物語を構想した場合、タイトルは『天の川鉄道の夜』になっていたかもしれない。

じつは、その可能性はあった。吉江久彌の『賢治童話の気圏』から引用してみよう（170頁）。

> 作品題名の「銀河鉄道の夜」は第四次稿において初めて明記せられたものであるが、第三次稿にも第四次稿にも章題としての「銀河ステーション」がある。この章題の表現についての面白いエピソードが、賢治が農学校の生徒達を連れて岩手山に登った時に同行したという宮沢貫一氏の「覚え書」にあるので、その記事を又引きながら記すと、夜空の星を見ながら賢治の星の話を聞きながらおしゃべりをしていた生徒の一人が、
> 「先生、天の河の光る星、停車場にすればいいナッス」
> と発言した。賢治は「さうだ、面白いナッス。」と言って喜び、みんなは、
> 「天の河ステーション」

と言ってふざけ騒いだ、という（草下英明『宮澤賢治と星』「賢治の天文知識について」参照）。

つまり、『天の川鉄道の夜』ではないが、『天の河鉄道の夜』になっていた可能性もあったのだ。しかし、賢治は天文学の教科書を読んでいたので、銀河という言葉に親しみを持っていたのだろう。いずれにしても、一世紀も前に〝銀河鉄道〟という響きのよい言葉を思いついた賢治は只者ではない。

１‐３　賢治の時代の物理学

さらばニュートン力学

『銀河鉄道の夜』には〝第四次〟という耳慣れない用語が出てくる。これはドイツ生まれの物理学者アルベルト・アインシュタイン（１８７９‐１９５５）の相対性理論に絡むものと解釈されている。相対性理論によって、空間の三次元と時間の一次元を合わせて、四次元の宇宙が標準になったからだ。

アインシュタインは20世紀初頭に特殊相対性理論と一般相対性理論を完成させ、それまで信じられていたニュートン力学を塗り替えた。一般相対性理論は新たな重力理論であるが、極めて難解な理論である。ところが、1919年に起こった皆既日食の際、太陽の背景にある星の位置が一般相対性理論の予測通りにずれていることが分かり、一般相対性理論とアインシュタインの名前は一躍有名になった。

ところで、1905年は物理学の歴史において〝奇跡の年〟と呼ばれている。その奇跡を起こしたのがアインシュタインである。彼はこの年、立て続けに三つの論文を公表した。

・光の発生と変換に関する発見法的観点について
・熱の分子運動論が要求する静止した液体中の微小粒子の運動について
・運動する物体の電気力学について

これらの論文のエッセンスは以下になる。

・光量子仮説
・ブラウン運動
・特殊相対性理論

いずれも、それまでの物理学を根幹から覆すものであった。そして、１９２２年、前年度に保留されていたノーベル物理学賞を受賞する。受賞理由は相対性理論の構築ではなく、光量子仮説であった。受賞が一年遅れになったことも含めて、この辺りはいろいろ事情があったようだが、本書では触れない。

ただ、アインシュタインは確率でしか物理を議論できない量子論（量子力学）を死ぬまで認めなかった。

〝神はサイコロを振らない〟

彼の主義はこの言葉で代表される。その彼が量子論に関係する光量子仮説でノーベル賞を受賞したのは、不本意であっただろう。歴史は時には皮肉である。

さて、これでこの節を終えるが、表1-4に、天文学・物理学上の重要な出来事と賢治の年齢を比較した年表を示しておく。これは、第2章で『銀河鉄道の夜』を天文学的に読み解いていくときに役に立つと思うので、目を通しておいてほしい。

表1-4を眺めて思うことは、賢治は天文学と物理学が劇的に発展していた時代に生きていたことだ。19世紀、光が真空中を伝播《でんぱ》するためには、媒質としてのエーテル[*9]が必要であると考えられていた。しかし、アインシュタインの特殊相対性理論はエーテルが不要であることを示した。また、空間三次元と時間の一次元からなる四次元時空が協力し合って、光速を一定に保っていることも分かった。そして、アインシュタインの一般相対性理論はニュートン力学を乗り越え、重力の正しい理解へと導いてくれた。ただ、ここまでは古典物理学の範《はん》疇《ちゅう》である。

その後、ミクロの世界を記述する量子力学が誕生した。そして、天文学では太陽が中心にある世界から脱却し、銀河系の姿が理解されるようになった。また、銀河が多数ある宇宙観を持つようになった時代でもあったのだ。東北の小さな町である花巻で、賢治はこの科学の

西暦（年）	賢治の年齢（歳）	天文学・物理学上の重要な出来事（『銀河鉄道の夜』の状況を含む）
1885		水素原子再結合線バルマー系列の発見
1896	賢治 誕生	
1902	6	水沢の緯度観測所の木村栄、Z項を発見
1905	9	特殊相対性理論
1906	10	水素原子再結合線ライマン系列の発見
1916	20	一般相対性理論
		アインシュタイン方程式のブラックホール解の発見
1920	24	星雲に関する大論争（銀河系内か、系外か）
1922	26	11月27日 妹、トシ逝去
1922	26	12月３日 アインシュタイン、東北帝国大学を訪問
1922	26	太陽は銀河系の中心にない[1]
1924	28	『銀河鉄道の夜』第一次稿
1925	29	アンドロメダ星雲は銀河系と独立した銀河である
1926	30	量子力学の基礎方程式の構築 （シュレディンガー方程式）
1929	33	宇宙膨張の発見[2]
1931	35	『銀河鉄道の夜』第四次稿に取りかかる（?）
1933	賢治 没	

[1]シャプレーの銀河系モデルを指す。シャプレーは球状星団の分布から太陽は銀河系の中心にはないことを1918年に指摘している（102頁参照）。
[2]エドウィン・ハッブルの発見とされていたが、現在ではベルギーの物理学者ジョルジュ・ルメートルが1927年に独立に発見していたことが確認されている。ただし、賢治の生きていた時代ではハッブルの発見になっていた。

表１-４　天文学・物理学上の重要な出来事と賢治の年齢を比較した年表

流れに必死になって食らいついていったのだからすごいことである。プロの物理学者や天文学者でも大変なことをやってのける。やはり、〝賢治は天才〟というしかないようだ。

1-4 『銀河鉄道の夜』

第四次稿

第2章で『銀河鉄道の夜』を読み解いていくことにするが、それに先立ち、この童話のストーリーを見ておくことにしよう。賢治はこの童話を１９２４年（大正13年）頃から書き始めたと言われているが、何度となく書き直しをしている。

詳細な調査から分かっていることは、少なくとも四つの原稿があることだ。初期形一、二、および三、そして最終形（第四次稿）である。[*10] 第四次稿が用意されたのは１９３１年（昭和6年）頃だとされている。『銀河鉄道の夜』は未完成の作品である。しかし、本書の冒頭でも記したように、賢治の著した『農民芸術概論綱要』に含蓄のある言葉が出ている。

永久の未完成これ完成である

（第十三巻〈上〉『農民芸術概論綱要』、16頁）

この言葉に従い、本書では最終形（第四次稿）に準拠する。

『銀河鉄道の夜』は次の九つのパートからなっている。

一、　午后の授業　123-125頁
〔二、〕　活版所　126-127頁
三、　家　127-130頁
〔四、〕　ケンタウル祭の夜　130-133頁
〔五、〕　天気輪の柱　133-134頁
〔六、〕　銀河ステーション　134-138頁
〔七、〕　北十字とプリオシン海岸　138-143頁
〔八、〕　鳥を捕る人　143-148頁
〔九、〕　ジョバンニの切符　148-171頁

最初と三番目の節の番号には〔　〕がつけられていない。これは【新】校本にしたがったものだが、オリジナル原稿がそうなっているということだ。

各節の下に示した数字は『【新】校本第十一巻童話［Ⅳ］本文篇』での頁である。これを見ると、極めてアンバランスな構成になっていることが分かる。第九節だけが異常に長く、その他の節は5ページ以内になっているからだ。

第四次稿と初期形一、二、および三には顕著な違いが二つある。初期形一、二、および三では、第四節のケンタウル祭の夜から始まっている。したがって、第四次稿にある最初の三節は第四次稿で初めて付け加えられたものである。また、第四次稿で消されたものもある。それは初期形一、二、および三で重要な役割を果たしていたブルカニロ博士が登場しなくなったことだ。

アンバランスな構成、そして第四次稿と初期形一、二、および三に見られる顕著な相違点は、文学の研究という意味では興味深い。しかし、本書の目的は『銀河鉄道の夜』を読み解いて、宇宙の解説をすることである。したがって、これ以上深入りすることはしない。

ジョバンニとカムパネルラ

『銀河鉄道の夜』には二人の重要人物が登場する。ジョバンニとカムパネルラの二人だ。主役はジョバンニだが、彼の友人であるカムパネルラは準主役級の共演者に相当する。

主役のジョバンニは賢治自身を映したものだろう。では、カムパネルラには誰かモデルがいるのだろうか。そもそも、ジョバンニもそうだが、カムパネルラもイタリア系の名前である。実のところ、カムパネルラの名前の由来には諸説ある。

まずは、ジョバンニとカムパネルラをワンセットで理解するアイデアがある。ジョバンニはキリスト教の聖人ヨハネを意味すると考えてもよい。ヨハネはイタリア語ではジョバンニになるからだ。『銀河鉄道の夜』の第四節にはケンタウル祭という、一般には聞き慣れない祭りの名前が出てくる。この祭りをヨーロッパで行われている聖ヨハネの祭りに当てはめることは不可能ではない。夏至の日、6月24日に行われる祭りだ。これでジョバンニの名前の由来が一応は説明がつく。一方、日本の寺院にもあるが、ヨーロッパの教会には鐘楼《しょうろう》がある。有り体にいえば鐘《かね》撞《つき》堂である。この鐘楼はイタリア語ではカンパニーレ（campanile）という。これをカムパネルラの名前の由来と考えるのである。つまり、聖ヨハネと鐘楼の組み合わせがジョバンニとカムパネルラになるというわけだ。
賢治の歌稿には、その関連性を匂わせるものがある。

わがうるはしき
ドイツたうひは
とり行きて
ケンタウル祭の聖木とせん

（第一巻　歌稿４６１ａ　４６２、２１２頁）

賢治の宗教といえば、まずは実家の浄土真宗、それから父への対抗意識もあったのか法華経に傾倒していった。しかし、仏教だけではない。盛岡高等農林学校時代の親友であった保阪嘉内や妹のトシの影響でキリスト教にも関心を寄せていた。

次の可能性は、カムパニュラ、つまり釣鐘草が由来であるとする説である。釣鐘草の花言葉は〝親交・友情〟である。カムパネルラはジョバンニの親友なので、特に問題はない。じつは、第五節の天気輪の柱に次の一文がある。

つりがねさうか野ぎくかの花が、そこらいちめんに、夢の中からでも薫りだしたといふやうに咲き、（１３３‐１３４頁）

この文に釣鐘草の名前が出てきているのだ。

ところが、確実視される由来がある。賢治が『銀河鉄道の夜』を構想したときに、物語の舞台を南欧にしたことに端を発しているというものだ。１９２４年に『注文の多い料理店』が出版されたが、それを祝う会の席上でのことである。『注文の多い料理店』の装幀と挿画を担当した菊池武雄と賢治の会話である。賢治が「今こんなものを書いている」と言ったあとのやりとりは、次のようなものだったとのことである。


「どんなのだス」

「銀河旅行ス」

「ワア、銀河旅行すか、おもしろそうだナ」

「場所は南欧あたりにしてナス。だから子供の名などもカンパネラという風にしあんした」

（『宮沢賢治「銀河鉄道の夜」を読む』西田良子編著、創元社、２００３年、16頁）

おそらく、これが正しい由来だろう。

ストーリー

『銀河鉄道の夜』というタイトルだけから想像すると、天の川の中を銀河鉄道に乗って旅をする物語だと思いがちだ。それだけなら楽しい旅だろう。私も乗ってみたい。しかし、じつは死出の旅路なのだ。つまり、『銀河鉄道の夜』という童話は、タイトルだけからその内容を想像することは難しい物語といえる。そこで、ストーリーをざっと見ておくことにしよう。

主人公はジョバンニという名前の少年である。まず、彼の境遇だ。いきなりだが、哀愁が漂う。母は病気で寝込み、父は北洋に漁に出かけたまま帰ってこない。姉はいるが、別なところに住んでいる。ジョバンニは家計を助けるために、活版所でアルバイトに精を出さなければいけない。そのため、疲労がたまり、午后の授業ではぼうっとして気力が出ない。先生の問いかけにも、答える元気すらないありさまだ。

学校では親友のカムパネルラだけが味方で、他の級友たちはジョバンニをからかうだけだ。特に目立つのはザネリという同級生だ。いつも先頭に立ってジョバンニをからかう。じつは、これが物語の伏線にもなっている。今でいういじめにも近い。そんな中、ジョバンニはある日の夕方、ケンタウル祭に出かけた。すると、またザネリら級友たちにからかわれ、いたたまれず山に向かった。そして山頂に着くと、そこには天気輪の柱があった。

そこで、一息ついていたところ、突然、銀河ステーションという声がした。

この瞬間、ジョバンニは俗世である地上から、天上の世界へ瞬間的に移動したのだ。そして、銀河鉄道は颯爽と走り出す。気がつけば、なんと親友のカムパネルラが乗り合わせている。一方、いじめっ子のザネリや他の級友たちは乗り遅れたという。これも物語の一つの伏線になっている。

そのあとは天の川の景色を眺めながら旅を続けるが、天の川でなぜか発掘作業をしている大学士たちに会う。そして、鳥捕りという不思議な人物にも出会う。鳥捕りはなんだか時空の旅人のような人で、旅の途中で消えていく。さらにはタイタニック号の沈没で亡くなったと思われる人たちと乗り合わせたりする。彼らは天上へ行くために乗車していた人たちであり、南十字の停車場で銀河鉄道をあとにする。賢治の幻想癖が炸裂《さくれつ》しているような物語である。

そして、夢から覚めてジョバンニは地上に戻った。すると、悲報が待ち受けていた。カムパネルラが川で溺れて死んだことを知るのだ。それは、溺れたザネリを助けるためだったという。

銀河鉄道の旅路

さて、ここまでで『銀河鉄道の夜』がどのような物語なのか、理解できたと思う。タイトルからは想像しにくいが、なかなか哀愁の漂う物語である。宗教の香りもする。しかし、タイトルに銀河がついていることを忘れてはいけない。天文学（鉱物などを含む自然科学というほうがよいかもしれない）の香りも十分する物語である。

銀河鉄道は天の川の中をひた走る。経路は、はくちょう座の北十字から、みなみじゅうじ座の南十字までだ（第2章の扉の図〈69ページ〉を参照）。北天と南天に見える十字を結ぶ旅になっている。なんともおしゃれな発想だ。第2章では、この旅の中で出会う天文現象に基づいて宇宙の解説をしていくことになる。

駅	時刻	事項
–	–	発車（時刻の記載なし）
銀河ステーション	–	停車（時刻の記載なし）
白鳥の停車場	23時[b]	停車20分
わしの停車場	–	通過（時刻の記載なし）
小さな停車場[c]	第2時[d]	停車
南十字ステーション	第3時[d]	停車
石炭袋の停車場[e]	–	終着（時刻の記載なし）

[a] 『科学者としての宮沢賢治』斎藤文一、平凡社新書、2010年、75頁。

[b] 11時到着だが、夜になっているので23時になる。

[c] 斎藤文一は仮の駅名として“さそりの停車場”としている。

[d] 時刻の前に“第”が付いている。

[e] 南十字ステーションに停車した後、確かに銀河鉄道は動いている。「**けれどもそのときはもう硝子の呼子は鳴らされ汽車はうごき出しと思ふうちに銀いろの霧が川下の方からすうっと流れて来てもうそっちは何も見えなくなりました。**」（166頁）という記述がある。そのあと、カムパネルラが石炭袋に気がつくが、そこで停車したかどうかは不明である。したがって、石炭袋の停車場があるかどうかは判然としない。

表1-5　銀河鉄道の時刻表[a]

銀河鉄道の時刻表

鉄道の旅といえば、お供は時刻表である。私が若い頃は鉄道で旅に出る場合、まず時刻表を買ったものだ。今はインターネットで検索できるので、時刻表を買う人はほとんどいなくなっただろう。

『銀河鉄道の夜』を読むと、いくつかの駅での到着時刻が書いてある。そのため、銀河鉄道の時刻表にも関心が寄せられている。ここでは斎藤文一がまとめた時刻表を採用させていただき、眺めてみることにしよう（表1-5）。

銀河ステーションをいつ出発したのか分からないので、正確な乗車時間も分からない。白鳥の停車場を23時に出て、南十字ステーションに3時に到着したので、4時間の乗車と考えられる。

ところが、3時ではなく〝第3時〟と表現されていることに注意が必要である。この〝第〟は何を意味するのだろうか。斎藤文一は興味深い考察をしているので[*11]、第2章〔六、〕節で紹介する。

1-5 子持ち星雲のうずまき

意外な関係

2019年9月、ある仕事の打ち合わせで耳寄りな話を聞いた。

・天文学者のロス卿
・画家のゴッホ
・そして賢治

この三人に繋がりがあるというのだ。三題噺《さんだいばなし》というか、何かの判じもののような話だ。少し説明してもらったところ、次のような繋がりになっているというのだ。

ロス卿が子持ち星雲のスケッチを発表した
↓それを見たゴッホがそのスケッチをモチーフにして一枚の絵を描いた
↓その絵を見て賢治は銀河鉄道の夜の構想を得た

本当だろうか。本当だとすれば、とても面白い。
打ち合わせから一週間後、私は一冊の本に出会った。『自画像のゆくえ』（森村泰昌著、光文社新書、２０１９年）という本だ。自画像といえばゴッホを思い出す。当時、出版されたばかりの本だったが、すぐ買い求め読んでみたところ、なんと、この本でゴッホと賢治の類似性が議論されているではないか。なんだか、運命を感じた。そこで、第１章を終えるに当たり、三人の繋がりを見ていくことにしよう。

ロス卿

ロス卿。第三代ロス伯爵（Lord Rosse, 1800-1867）はアイルランドの天文学者である（本名はウィリアム・パーソンズ）。

ロス卿は１８４０年代に口径72インチ（１８３センチメートル）の反射望遠鏡の製作に成功した。リヴァイアサンと呼ばれるニュートン式の反射望遠鏡だ。つい先頃まで、国立天文台岡山天体物理観測所で活躍していた望遠鏡の口径は74インチ（１８８センチメートル）だから、当時としては画期的に大きな望遠鏡だった。

彼はこの望遠鏡を使って星雲の観測に励んだ。当時はすべての星雲は天の川の中にあるものだと考えられていた。彼が着目したのは渦巻状の星雲である。現在ではこれは渦巻銀河で、銀河系とは独立した銀河であることが分かっている。

今の時代なら半導体撮像素子であるＣＣＤを用いたデジタルカメラを使えば、天体の写真を明瞭に撮影することができる。それ以前はガラス板に乳剤を塗った写真乾板が使用されていたが、これが発明されたのはロス卿が亡くなったあとの１８７１年である。イギリスの医師であるリチャード・リーチ・マドックス（１８１６‐１９０２）が発明した。したがって、ロス卿の観測成果はスケッチとして残されている。

その中で最も有名なのが〃子持ち星雲〃、メシエ51（M51[*12]）のスケッチである（図１-３）。比較のために、ハッブル宇宙望遠鏡で撮影されたM51の写真を図１-４に示したので、ご覧いただきたい。

当時は、星雲はぼうっとした姿で見えるものだと思われていた。望遠鏡の性能があまりよ

図１-３　ロス卿による子持ち星雲のスケッチ。

図１-４　ハッブル宇宙望遠鏡による子持ち星雲の写真。

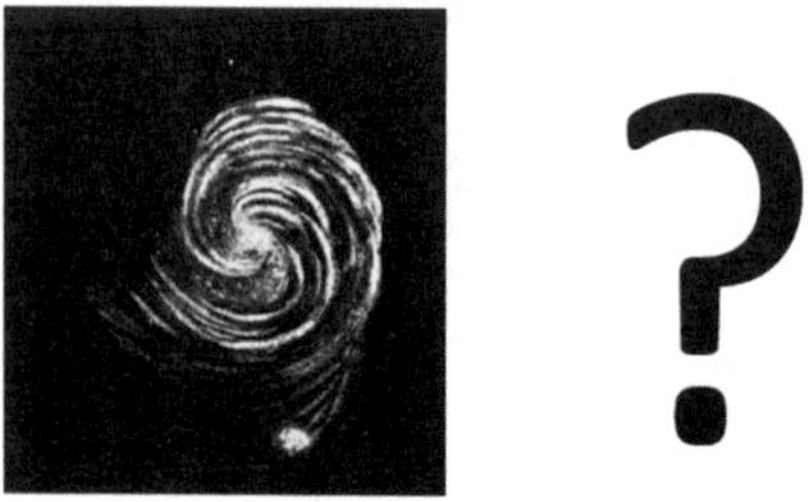

図1‐5　M51のスケッチはクエスチョン・マークの形に似ている。

くなかったからだ。ところが、ロス卿の〝子持ち星雲〟のスケッチでは美しい渦巻の姿が見える。また、図１‐３を右回りに90度回転させると、なんとクエスチョン・マークの形にも見える[13]（図１‐５）。そのため、このスケッチはヨーロッパで大きなニュースとなった。

当時、星雲はガスが主成分だと思われていた。しかし、ロス卿は〝渦巻星雲は星々の集まり〟ではないかと考えていたようだ。なかなかの慧眼《けいがん》である。

ゴッホ

さて、ここまでロス卿の話はおしまいだ。今度はゴッホの出番だ。フィンセント・ファン・ゴッホ（１８５３‐１８９０）はオランダ生まれのポスト印象派の画家である。

ゴッホは８４８点の作品を残しているが、そのうち６２０点（73%）はフランスに滞在していたときに制作されている[14]

（１８８６年から晩年）。ゴッホは自画像も有名だが（37点ある）、その他にも『ひまわり』や『アイリス』など、有名な作品がある。

また、一風変わった作品の中に『星月夜』がある（図１-６）。なんだかおどろおどろしい感じのする作品である。

この絵で着目してほしいのは、中央やや上にある渦巻だ。さらに、やや右下に渦が続いている。

図１-６　ゴッホの『星月夜』(1889年)。ニューヨーク近代美術館に所蔵されている。

この作品はロス卿による子持ち星雲のスケッチ（図１-３〈59ページ〉）に触発されて描かれたものなのだという[*15]。この可能性を指摘したのは、米国の天文学者であるチャールズ・ホイットニーやドナルド・オルソンらである[*16]。

ロス卿の子持ち星雲のスケッチは、それまで誰も見たことがなかった星雲の姿であり、当時話題を集めた。ゴッホもその斬新な姿に魅了されたのだろう。

そして賢治へ

最後に賢治の出番だ。賢治がゴッホの作品に魅了されていたことは有名である。その証拠に『ゴオホサイプレスの歌』が詠まれている。[*17]

サイプレスいかりはもえてあまぐもの
うづまきをさへやかんとすなり
雲の渦のわめきのなかに湧きいでゝ
いらだちもゆるサイプレスかも

（第一巻　98頁）

ここで出てくるサイプレスとは糸杉のことである。ゴッホの『二本の糸杉』も有名な作品の一つである（図1-7）。

賢治は糸杉がお気に入りだったようで、『春と修羅（mental sketch modified）』で使っている。

れいらうの天の海には
聖《せい》玻璃《はり》の風が行き交ひ
ZYPRESSEN[*18] 春のいちれつ
……
（かなしみは青々ふかく）
ZYPRESSEN しづかにゆすれ
鳥はまた青ぞらを截る
……
いてふのこずえまたひかり
ZYPRESSEN いよいよ黒く
雲の火ばなは降りそそぐ

（第二巻　22-24頁）

図１-７　ゴッホの『二本の糸杉』（1889年６月）。ニューヨークのメトロポリタン美術館に所蔵されている。

賢治は花巻農学校の生徒たちにも、ゴッホの『ひまわり』を見せるなど、ゴッホ熱は高かったようだ。

さて、ここで森村泰昌による『自画像のゆくえ』に戻ることにしよう。第6章の〝三人目のゴッホについて〟以降の項でゴッホと賢治の類似性が議論されている[*19]（377-384頁）。ちなみに二人目のゴッホは弟のテオ・ゴッホのことである。

ゴッホと賢治の共通点は、二人とも37歳で夭折したことだ。しかしそれよりも、二人の天才的な芸術感覚だろう。ゴッホは絵画、賢治は童話や詩。分野は違うが到達したレベルは頭抜けている。また、賢治は自分の写真を撮影してもらうとき（例えば、図A〈2ページ〉や第1章の扉にある左の写真〈15ページ〉）、ゴッホを意識していたのではないかと森村は推察している。また『星月夜』（図1-6、61ページ）はまさに『銀河鉄道の夜』を彷彿《ほうふつ》とさせる作品に見えると指摘している。ゴッホのファンである賢治は、おそらくこの絵を目にしていただろう。

ちなみに賢治の短歌に〝星月夜〟が詠み込まれているものが一首がある。

星月夜なほいなづまはひらめきぬ三みねやまになけるこほろぎ。

（大正五年九月六日朝）（第一巻　318頁）

大正五年といえば、１９１６年である。賢治が『銀河鉄道の夜』を書き始めたのは１９２４年頃といわれているので、かなり前のことにはなる。ゴッホの『星月夜』との関連性は定かではないが、興味深い。

そして極め付きはゴッホが弟のテオに宛てた書簡だ（書簡５０６信、１８８８年７月頃）。森村も『自画像のゆくえ』の第６章の最後で紹介している書簡である。

> 地図のうえで幾多の町や村々を指し示す黒い点々は僕を夢想に誘うけれど、それと同じように単純に、星空を見ると、僕はいつでも夢想に誘われる。フランスの地図のうえの黒い点々は実際に訪れることができるのに、どうして天蓋に輝く点々は手にとどかないということがありえようか——そう僕は自問する。
>
> タラスコンやルーアンに行くのに列車に乗るのなら、ひとつの星に行くには〈死〉に乗ればよい。こんな思案のうちで確かに間違っていないのは、生きているうちは星にはいけないけれど、それに劣らず、死んでしまえば列車には乗れない、ということだ。

要するに、汽船や乗合馬車や鉄道が、地上の機関車であるように、これら砂状結石、肺病や癌が天空の機関車であるというのも、不可能ではないだろう。

（「宮澤賢治とファン・ゴッホ[*20] 相互照射の試み」稲賀繁美、『比較日本学教育研究センター研究年報』第8巻、89頁、2012年[*21]）

なんと、これは『銀河鉄道の夜』のコンセプトそのものではないか。賢治がゴッホの『星月夜』と、この手紙を見ていたとすれば、『銀河鉄道の夜』はゴッホの置き土産として賢治に受け継がれたと思ってもよいぐらいだ。

しかも、そのスタートは天文学者であるロス卿の描いた一枚の星雲のスケッチである。優れた仕事や芸術は時を経て紡がれるものなのだ。

さて、これで準備は整った。第2章で、天文学者の視点から『銀河鉄道の夜』を読み解いていくことにしよう。いよいよ〝『銀河鉄道の夜』に学ぶ宇宙〟の始まりだ。

第2章を読む前に

すでに述べたように本書の目的は、

- 『銀河鉄道の夜』を読んで、宇宙に関連する事項を拾い出す
- それに天文学的な見地からコメントする
- そして、宇宙に関する平易な入門書とする

ことにある。

本章の第4節で『銀河鉄道の夜』の概要は説明させていただいた。第2章では宇宙に関連する事項を拾い出していくが、物語の詳しい説明はしない。そのため、まだ『銀河鉄道の夜』を読まれたことのない方には、是非ご一読をお願いしたい。そして、実際に読んでみて、物語の中にどんな宇宙の話が出てくるかを楽しんでもらえるとよいと思っている。宇宙にあまり関心のない方には、童話として楽しまれるだけでも、もちろんよいだろう。そもそも、

それが最も自然な読み方だからだ。

一つの作品を読んで何を感じるかは、人それぞれである。まずは『銀河鉄道の夜』を自由に読んでいただき、そのあとで第2章に進んでもらえると、皆さんと天文学者である私の読み方の違いが分かって、かえって面白いのではないだろうか。

ただ、『銀河鉄道の夜』を読まずに先に進んでいただいてもかまわない。そもそも本書を手に取られた方は、宇宙に関心を持たれている方だろう。その場合は、本書を読んでから『銀河鉄道の夜』に戻っていただくのも、面白い趣向かもしれない。新たな発見が待っているかもしれないからだ。

第2章
『銀河鉄道の夜』を読む

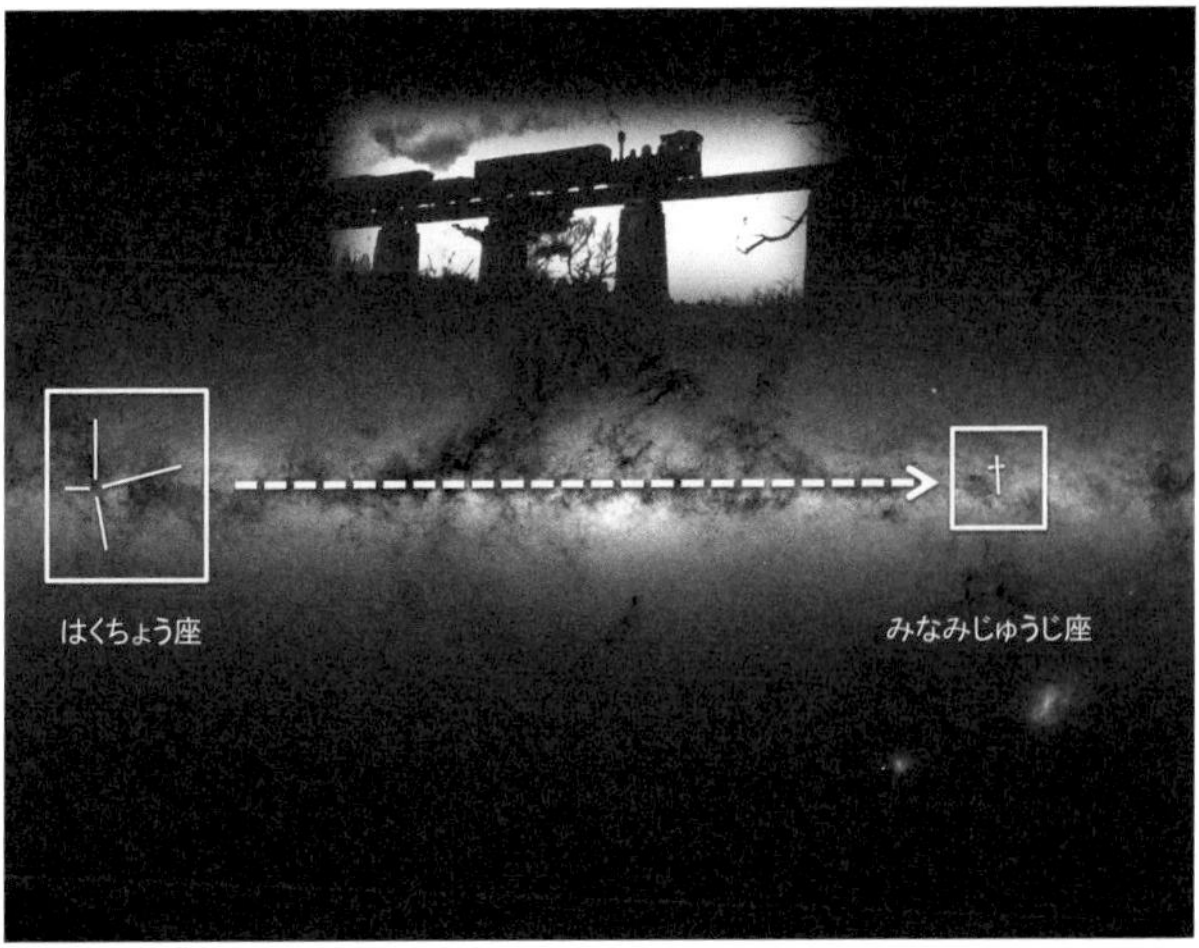

はくちょう座の北十字から、みなみじゅうじ座の南十字までの銀河鉄道の旅路。

天の川の全天写真： GAIA （ESA/GAIA/DPAC）
銀河鉄道のモチーフは岩手軽便鉄道の写真を左右反転させて使用（「岩手軽便鉄道」資料提供 林風舎）

それでは、『銀河鉄道の夜』を天文学者の目で読んでいくことにしよう。ここでは、（『【新】校本 宮澤賢治全集 第十一巻』童話〔Ⅳ〕、本文篇、筑摩書房、１９６６年、１２３頁-１７１頁）に掲載されている『銀河鉄道の夜』に準拠する。以下のテキスト中で引用する場合は、単に頁数のみを示す。

『銀河鉄道の夜』は第１章で述べたように、九つのセクションから成り立っている。そこで、セクションを追いながら話を進めていくことにしよう。

それでは、出発だ。心の準備はよいだろうか。

一、午后の授業

天の川の正体

『銀河鉄道の夜』は冒頭から天の川の正体について核心に触れる先生の質問から始まる。

「ではみなさんは、さういふふうに川だと云はれたり、乳の流れたあとだと云はれたり

> してゐたこのぼんやりと白いものがほんたうは何かご承知ですか。」先生は、黒板に吊した大きな黒い星座の図の、上から下へ白くけぶった銀河帯のやうなところを指しながら、みんなに問をかけました。（１２３頁）

どうも、心の準備ができないうちに物語は始まったようだ。この先生の問いかけに友人のカムパネルラや数人の生徒が手を挙げるのだが、なぜかジョバンニは手を挙げることはできなかった。答えを知っているにもかかわらず、である。ジョバンニは恥ずかしがり屋であるとも読めるが、もう一つは、貧困ゆえの労働で勉強どころではなくなってしまったとも読める。ジョバンニとカムパネルラは、昔は友人だったが、ジョバンニのお父さんが密漁でつかまったことで、二人の間に経済格差ができてしまっていた。さらに、お母さんの体調はかなり悪く、ジョバンニは働かなくてはならなくなっていたのである。実際、『銀河鉄道の夜』の冒頭部分には次の記述がある。

> このごろはジョバンニはまるで毎日教室でもねむく、本を読むひまも読む本もないので、なんだかどんなこともよくわからないといふ気持ちがするのでした。（１２３頁）

やはり、答える元気すらなくなっていたと解釈するほうが無難のようだ。
さて、冒頭の質問に続いて、先生はさらに畳みかけて質問してくる。

「大きな望遠鏡で銀河をよっく調べると銀河は大体何でせう。」（１２４頁）

「このぼんやりと白い銀河を大きないゝ望遠鏡で見ますと、もうたくさんの小さな星に見えるのです。ジョバンニさんさうでせう。」（１２４頁）

結局、手を挙げていたカムパネルラも答えなかったので、先生自ら答えを言ってしまうことになる。先生が生徒に見せた〝黒板に吊した大きな黒い星座の図〟というものがどのようなものだったか不明だが、黒地の大きな紙に星座と天の川が示されたものだったのだろう。
さて、ここで天の川を眺めてみることにしよう。南米のチリ共和国のアタカマ高地、標高５０００メートルの場所にあるＡＬＭＡ電波望遠鏡[*22]のある場所で見た天の川である（図２-１、74ページ）。地平線近くに月があるため、パラボラ・アンテナはシルエットで見えている。アンテナが林立する背後に見える天の川は圧巻である。

図2-1　ALMA電波望遠鏡のある場所（南米チリ共和国の標高5000メートルのアタカマ砂漠）で見た天の川。天の川が左の地平線に消えるあたりには暗黒星雲の石炭袋、そして南十字が見えている。（国立天文台ALMA室）

写真の左下に縦に並んで二つの明るい星が見える。これはケンタウルス座のα星とβ星である。その下には、みなみじゅうじ座が見える。この南十字のすぐ上に、巨大な暗黒星雲である〝石炭袋〟が見えている。ご存知のように、南十字も石炭袋も『銀河鉄道の夜』の重要なキーワードだ。

今の日本は街の灯《あか》りにあふれ、さまざまな産業の発展に伴い、空気は汚れてしまった。また、隣の中国から流れてくる黄砂やPM2・5（大きさ2・5マイクロメートル以下の粒子状物質）も日本の空気を汚している。そのため、図2-1に示したような美しい夜空に浮かぶ天の川を眺めることはできなくなってきている。残念なことだ。

しかし、賢治が生きていた時代は違ったはずである。彼は１８９６年8月27日に生まれ、１９３３年９月21日に逝去している。彼が少年時代に花巻で眺めた夜空は、今見るより、もっと暗く、美しかったに違いない。皆さんも、空気の綺麗なところに出かけて、まずは美しい天の川を眺めてみてほしい。そこが皆さんにとっての『銀河鉄道の夜』の出発点になるからだ。

さて、天の川は、まさに天に流れる川のように見える。天の川という名前は詩的であり、美しい語感のある言葉だ。そして、天の川は天の河とも言う。

さて、天の川の別名は銀河である。銀河は読んで字の如しで、銀の河だが、中国で用いられている名前である。また、銀河は、明河、星河、銀漢、そして銀浪とも呼ばれる。いずれも、俳句の季語としては秋の季語に分類されている（『新歳時記　秋』平井照敏編、河出書房新社、２０１５年　復刻版初版）。なんとなく、夏の季語だと思っていたが、分からないものである。考えてみれば立秋は8月8日である。夏休みの大半は秋の中だったのだ。

ところで、私たちの住んでいる銀河は〝銀河系〟と呼ばれ、他の銀河とは区別されている。ただ、なぜ〝系〟という文字を入れているのかは判然としない。例えば、天の川には約２０

００億個もの星がある。太陽もその一つだが、やはり名前の上では、他の星とは区別されている。太陽という固有名詞があるからだ。さらに、太陽は太陽の周りを回る惑星などを含めて〝太陽系〟と呼ばれている。どうも、これと同じ発想で、私たちの住む銀河を銀河系と呼んでいるのではないだろうか。ただ、天文学者である私にも、なぜ銀河系と呼ぶのかは分かっていない。どうも、自分たちの住む場所は特別であるという意識があるのだろうか。

銀河は英語では galaxy（ギャラクシー）と呼ばれる。銀河系は私たちの住む特別な一つの銀河なので the Galaxy と表記される。英語には定冠詞 the があることと、大文字を使えるというメリットがあるので、銀河系を銀河から区別するのは容易《たやす》い。どうも、日本語は曖昧《あいまい》で困ることがある。

この銀河の英語名 galaxy は元を正せばラテン語のミルク、乳を意味する言葉である galaxias（ギャラクシアス）から来ている。ギリシア神話では、天の川は〝乳の流れた道〟ということで、Milky Way（ミルキーウエイ）と呼ばれていたからである。

ただ、ギリシア神話の中では、〝乳の輪〟という表現もある。ゼウスの寵愛《ちょうあい》を受けた女神ヘーラーの母乳が天に流れ出して、輪のようになったという話である。ギリシア神話はかくも壮大である。

さて、ジョバンニもカムパネルラも天の川の正体を知っていた。それは以下の文章を読むと分かる。

> さうだ僕は知ってゐたのだ、勿論カムパネルラも知ってゐる、それはいつかカムパネルラのお父さんの博士のうちでカムパネルラといっしょに読んだ雑誌のなかにあったのだ。それどこでなくカムパネルラは、その雑誌を読むと、すぐお父さんの書〔斎〕から巨きな本をもってきて、ぎんがといふところをひろげ、まっ黒な頁いっぱいに白い点々のある美しい写真を二人でいつまでも見たのでした。（１２４頁）

これを読むと、カムパネルラのお父さんは博士だったようだ。それは物語の最後で分かる。宇宙関係の書籍を持っていたことを考えると、自然科学系の博士と考えてよいだろう。なんとなく、三つの初期稿に登場していたブルカニロ博士を彷彿とさせる。しかし、ブルカニロ博士は心理学の実験をする博士として、カムパネルラのお父さんとは別人物として登場するので違うのだろう。

さて、ジョバンニとカムパネルラの気持ちはいざ知らず、先生の解説は続く。

「ですからもしもこの天の川がほんたうに川だと考へるなら、その一つ一つの小さな星はみんなその川のそこの砂や砂利の粒にもあたるわけです。またこれを巨きな乳の流れと考へるならもっと天の川とよく似てゐます。つまりその星はみな、乳のなかにまるで細かにうかんでゐる脂油の球にもあたるのです。そんなら何がその川の水にあたるかと云ひますと、それは真空といふ光をある速さで伝へるもので、太陽や地球もやっぱりそのなかに浮んでゐるのです。つまりは私どもも天の川の水のなかに棲んでゐるわけです。そしてその天の川の水のなかから四方を見ると、ちゃうど水が深いほど青く見えるやうに、天の川の底の深く遠いところほど星がたくさん集って見えしたがって白くぼんやり見えるのです。この模型をごらんなさい。」(124-125頁)

ジョバンニとカムパネルラが知っていたように、天の川が雲のように見えるのはたくさんの星々が集まっているからだ。天の川がたくさんの暗い星々の集まりであることを初めて科学的に突き止めたのは、ガリレオ・ガリレイである。ガリレオは望遠鏡を使って宇宙を調べた最初の人だ。

１６０８年、オランダのレンズ職人であったハンス・リッペルハイ（１５７０－１６１９）はレンズを組み合わせると遠くのものが大きく見えることに気がついた。これがレンズを使った望遠鏡（屈折望遠鏡）の発明となった。この噂を聞きつけたガリレオは、早速、望遠鏡の製作を試みた。科学者である彼は器用に望遠鏡を作り上げた。そしてそれを天に向けたのである。

人間の目の瞳の大きさは７ミリ程度である。目は二つあるので私たちは口径７ミリの双眼鏡でものを見ている。一方、ガリレオが製作した望遠鏡のレンズの口径は４センチである。人間の目に比べると口径比の二乗で光を多く集めることができる。したがって、$(40/7)^2 = 33$倍多く光を集めることができる。１等級の差は２・５倍なので、約４等級暗い天体まで見ることができる。肉眼で見える星は６等星までだが、ガリレオの望遠鏡を使えば10等星まで見えることになるのだ。口径４センチの小さな望遠鏡とはいえ、あなどれないことが分かる。

ガリレオは科学者らしく、自分が望遠鏡で調べた宇宙の姿を一冊の書籍にまとめた。日本では『星界の報告』として出版されている。岩波文庫版（青９０６－５）は山田慶児と谷泰によって訳され、１９７６年に出ている。また、２０１７年に刊行された、伊藤和行の新しい訳による講談社学術文庫でも読むこともできる。講談社学術文庫版に準拠すると、『星界の報告』の内容は以下のようになっている。

天文学的報告
第一章　覗き眼鏡［望遠鏡］
第二章　月の表面
第三章　恒星
第四章　メディチ星［木星の衛星］

天の川の話は第三章に出てくる。天の川に関する記述を見てみると、以下のようになっている。

我々によって観察されたのは、天の川自体の本質、すなわち実体である。それは覗き眼鏡のおかげで感覚を通じて精査することができ、その結果、何世紀にもわたって哲学者たちを悩ませてきた論争のすべてが、眼でわかるような確実さによって解消され、我々は言葉の上での議論から解放されるだろう。というのは、銀河とは、集まって塊になった無数の星の群れに他ならないからである。

（『星界の報告』伊藤和行訳、講談社学術文庫、２０１７年、49頁）

まさに、ジョバンニたちが本で読んだ知識がそこに書かれていたのである。

星の正体

先生の解説はさらに続く。

先生は中にたくさん光る砂のつぶの入った大きな両面の凸レンズを指しました。

「天の川の形はちゃうどこんななのです。このいちいちの光るつぶがみんな私どもの太陽と同じやうにじぶんで光ってゐる星だと考へます。」（１２５頁）

これを読むと、先生は星のことをよく分かっている。つまり、

このいちいちの光るつぶがみんな私どもの太陽と同じやうにじぶんで光ってゐる星だと

考へます。

と説明していることだ。

〝じぶんで光ってゐる星〟ここが肝心である。惑星という名前にも星という文字が入っているが、星ではないことはご存知だろう。

星（恒星）と惑星

まず、復習しておこう。星は恒星とも呼ばれる。星は地球の自転のために日周運動と呼ばれる動きを示す。この効果で星は東の空から西の空へと移動していく（これは太陽と月でも同じだ）。しかし、星々の位置関係は変わらない。そのため、恒星、恒なる星と呼ばれているのだ。

実際には個々の星はそれぞれある速度で運動しているので、長い期間観測していれば配置が変わる。その運動は固有運動と呼ばれるものだ。ただ、その移動を確認するには長い年月がかかる。そのため、恒星はそう簡単に天球における配置を変えることはない。

一方、惑星は金星でも火星でも、星とは異なる動きを見せる。そのため、惑う星ということで、惑星と呼ばれている。夜空に惑星を眺めると、確かに星のように見える。しかし、惑うように動く、星のように見える天体というほうが正しい。惑星は星とは違って、自ら輝いているわけはない。太陽の光を反射して星のように見えているだけだ。

　このあとで説明するが、太陽のような星は水素原子（陽子）をヘリウム原子核に熱核融合してエネルギーを取り出している。そのエネルギーは圧力を生み出し、星が重力で潰れるのを防いでくれている。星は重い。太陽の質量は２×10^{30} kgもある。そのため、星の質量による重力と、熱核融合から生み出される膨大な圧力がうまく釣り合って、星を安定させているのだ。

宇宙は水素だらけ

　ところで、星はなぜ水素を燃料（あるいは原料）として使うのだろうか。私たちの知っている原子力発電では水素は使わない。ウランなどの重い原子の中には不安定なものがあり、核分裂していく。そのときに発生するエネルギーを利用しているからだ。

　では、星が水素を使う理由はなんだろうか。それは、宇宙にある最もありふれた元素が水素だからだ。宇宙の誕生と進化に関しては、現在〝ビッグバン宇宙論〟と呼ばれているシナリオで理解されている。

私たちの住む宇宙の初期の進化をまとめると、無からの宇宙誕生──→インフレーション（宇宙が状態を変えることで引き起こされる急激な膨張）──→ビッグバン（熱エネルギーによる宇宙膨張）、という時系列になる。この一連のプロセスをまとめて〝ビッグバン宇宙論〟と呼んでいる。

このシナリオで重要なのは〝宇宙は最初の3分間で元素合成を行い、水素原子核（陽子）とヘリウム原子核を作る〟ことである。これは宇宙最初の3分間は、宇宙の温度が1000万度を超え、圧力も高かったので、核融合で核子を作ることができたことを意味する。これを〝ビッグバン元素合成〟と呼ぶ。リチウム（Li）とベリリウム（Be）の軽元素もわずかながら合成されたものの、基本は水素とヘリウムの生成だけに終わったのである。原子番号5番のホウ素（B）はリチウムとヘリウムの核融合で生成されうるが、その反応が起こる前にリチウムが核分裂してヘリウムになるため、ほとんど生成されない。

また、炭素以降の重い元素（重元素、天文学では軽元素と重元素をまとめて金属と呼ぶ）は恒星の内部で起こる核融合や超新星爆発の際のプロセスを経て生まれたものである。また、最近では、中性子の連星が合体した時にレアメタルが生成されることが分かってきた。賢治の大好きな鉱物はこうして宇宙の中で育まれてきたものである（このあとに出てくる〝宇宙にある元素〟の項と図２-38〈２２０ページ〉を参照されたい）。

　宇宙で最もたくさんある水素はこのビッグバン元素合成の際に生まれた。ビッグバン元素合成で生まれた元素のうち、９割は水素、１割がヘリウムである。現在の宇宙でも、炭素以降の重元素の個数は水素の個数に対して、たった０・０１％でしかない。ただし、重元素はそれぞれ水素やヘリウムに比べて重いので、質量比にすると、水素：ヘリウム：重元素＝０・７３８：０・２４９：０・０１３になる（太陽の場合）。しかし、それでも重元素の割合はたった１％程度なのである。つまり、水素とヘリウムだけで99％なのだ。私たちの身体や賢治の大好きな鉱物は、このわずかな割合の重元素からできているのだ。

星はなぜ輝くのか？

　さて、星はなぜ輝いているのだろうか。夜空の星々を眺めて、眩《まぶ》しさや熱を感じることはないが、それは遠くにあるためである。太陽は標準的な星の一つだが、夜空の星々に比べると圧倒的に近くにある。そのため、強烈な光と熱を感じる。実際のところ、星は膨大なエネルギーを出しているのである。

太陽を例にとってみよう。太陽からの全輻射量は３・８５×10^{26} W（ワット）である。１００Wの電球の１億倍の１億倍の、さらに４億倍ものエネルギーを出している。表面の温度も約６０００K（ケルビン）もある。地球が大気圏外で太陽から受け取る輻射の総量（太陽定数）は、０・１％程度の時間変動はあるが、$1370\ \mathrm{W\ m^{-2}} = 1.96\ \mathrm{cal}$（カロリー）$\mathrm{cm^{-2}\ min^{-1}}$にもなる。このおかげで私たちは生命活動を維持できている。

問題は、太陽（つまり、星）の膨大なエネルギーがどのようにして生み出されているかである。驚かれるかもしれないが、賢治の時代、じつは星がなぜ輝くか理解されていなかった。歴史を紐《ひも》解《と》くと、さまざまなアイデアが議論されてきた経緯があるので紹介しておこう。

そもそも物理学が発展していなかった中世以前では、太陽（星）がなぜ輝いているか、理論的に考えることはできなかった。物理的な解釈が議論され始めたのは18世紀に入ってからである。最初に考えられたアイデアは〝彗星や流星が太陽表面に衝突したときに解放されるエネルギー〟である。彗星衝突説はフランスの博物学者であるビュフォン伯ジョルジュ＝ルイ・ルクレール（１７０７－１７８８）によって１７４５年に提案された。一方、流星衝突説はドイツの物理学者であるユリウス・ロベルト・フォン・マイヤー（１８１４－１８７８）によって提案された。しかし、いずれも太陽のエネルギーを説明するには膨大な量の衝突が必要になり、不可能であることが分かった。

次は〝石炭の燃焼〟である。フォン・マイヤーは石炭の燃焼で太陽エネルギーをまかなうことも考えたが、このメカニズムでは数千年しかエネルギーを維持できないことが分かり、このアイデアも捨てられた。

より物理的なアイデアは〝重力収縮による位置エネルギーの解放〟である。このアイデアは英国の物理学者であるウィリアム・トムソン（１８２４-１９０７）とドイツの物理学者であるヘルマン・フォン・ヘルムホルツ（１８２１-１８９４）によって独立に提案された。１８５０年代のことである。しかし、このメカニズムでもエネルギーを維持できるのは長くても２０００万年程度でしかない。これでは、地球の年齢のほうが長くなってしまい、不合理であることが分かった。

そして、20世紀に入ってから、ようやくそれらしいメカニズムに到達することができた。それは、〝水素原子核（陽子）が重い原子核に変換される際に解放されるエネルギー〟である。〝熱核融合〟という正しい答えに近づいたのである。発端はフランスの物理学者であるジャン・ペラン（１８７０-１９４２）が、水素が重い元素に変換されるときにエネルギーが出るのではないかと提案したことだ。１９１９年のことだ。すでにアインシュタインの特殊相対論が公表されており（１９０５年：表１‐４〈45ページ〉参照）、もし元素の変換の際に質量が減少すれば、それに見合うエネルギーを取り出すことができることが分かっていたからである。翌年の１９２０年には英国の天文学者であるアーサー・エディントン（１８８２‐１９４４）が４個の水素原子核から１個のヘリウム原子核を合成するときに解放されるエネルギーではないかと提案するに至った。

これは考え方としては正解である。しかし、当時はまだ量子力学が整備されていなかったので、残念ながら多くの支持を得るには至らなかった。１９２０年といえば大正９年のことだが、日本にエディントンの説が紹介されていたかどうかは定かではない。

さらに20年近くの歳月が流れ、エディントンのアイデアは１９３９年にようやく花開いた。米国の物理学者であるハンス・ベーテ（１９０６‐２００５）が、熱核融合こそが太陽などの星のエネルギー源であることを突き止めたのである。ただし、この段階ではまだ不完全な陽子―陽子反応とＣＮＯサイクル（後述）の研究に止《とど》まっていたので、さらなる研究が必要だった。

ところで、賢治の没年は１９３３年である。したがって、賢治は星のエネルギー源を知らずにこの世を去っていたのである。

熱核融合

星の故郷は冷たく密度の高い分子ガス雲である。分子ガス雲の密度の高い場所は自己重力で収縮していく。収縮するにつれて、中心部（コア）の圧力と温度が上昇する。そして、最終的にはコアで熱核融合が起こるようになる。

　では、そこで起こる熱核融合とはどんなものだろうか。いま見てきたように、宇宙で最もありふれた元素は水素である。したがって、この水素を使うのが、星にとっては自然な振る舞いになる。星の中心部の温度は１０００万度を超えている。熱核融合が起こるにはこの程度の温度が達成されていなければならないからだ。

　このような状況では水素もヘリウムも当然のことながら電離されている。水素原子の場合、陽子と電子がバラバラになっている（〝プラズマ〟と呼ばれる状態）。したがって、星の中心部で起こる熱核融合では陽子が基本的な材料になる。天文業界では、陽子が熱核融合に用いられてエネルギーを抽出することを、燃えるわけではないが、〝水素燃焼〟と呼んでいる。英語でも hydrogen burning という用語が使われている。

　この水素燃焼の基本プロセスの一つを図２-２（90ページ）に示した。これが〝陽子―

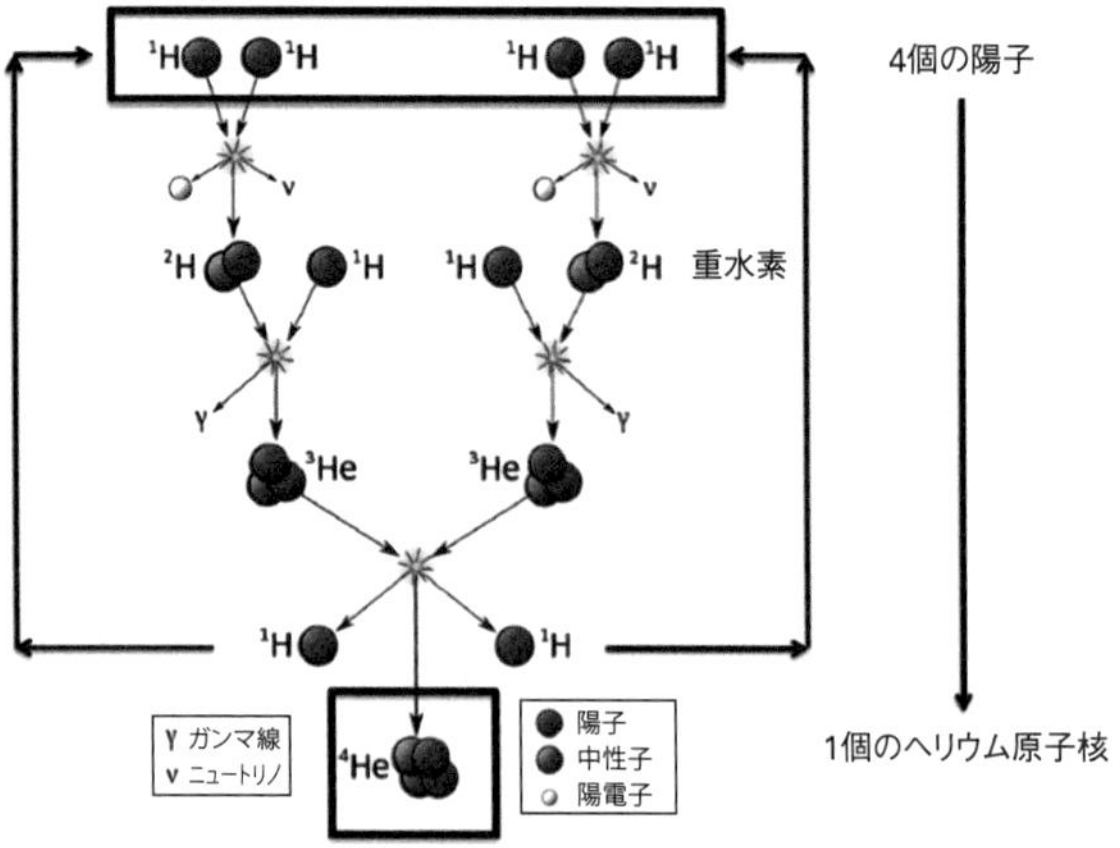

図2-2　陽子―陽子連鎖反応

陽子連鎖反応〃である。[*23] 英語で表現するとproton-proton chain reactionなので、普通は略してp‐pチェーンと呼ばれている。

p‐pチェーンでは、まず、2個の陽子が反応する。そのとき、陽電子（電子と同じ質量だが、電荷がプラスeクーロンで、電子とは反対の正電荷を持つ粒子）とニュートリノを放出し、1個の陽子は中性子に変わる。したがって、合成された粒子は陽子1個と中性子1個が結びついたものである。原子番号は陽子が1個なので、1のままであるが、質量は中性子が加わっているので、ほぼ陽子の2倍になっている。この粒子は〃重水素〃原子核と呼ばれる。英語ではdeuterium（デューテリウム）なのでDで表される。もちろん、図

2-2にあるように、^{2}Hと書いてもよい。

重水素原子核は陽子と反応して、^{3}He原子核を作る。これは陽子2個と中性子1個からなる原子核である。そして、2個の^{3}He原子核が反応して、ようやく^{4}He原子核が1個できる。この時、余分な陽子を2個放出している。これで、陽子—陽子連鎖反応の基本プロセスが終了する。

では、どうして熱核融合でエネルギーが取り出せるのだろう。p-pチェーンでは4個の陽子を燃料として1個のヘリウム原子核を作る。じつは、この過程でわずかだが質量が減っている。その現象は質量欠損と呼ばれる。つまり、

$$4\,m_{\mathrm{p}} - m_{\mathrm{He}} = \Delta m$$

ということになっているのだ。ここでm_{p}、m_{He}およびΔmはそれぞれ陽子の質量、ヘリウム原子核の質量、そして質量欠損である。アルベルト・アインシュタインが構築した特殊相対性理論によると、質量とエネルギーは等価である。これは、

$$E = mc^2$$

という関係式で表される。ここでE、m、およびcはそれぞれエネルギー、質量、そして光速度である。これによれば、ｐ‐ｐチェーンの1サイクルで、

$$E = \Delta mc^2$$

のエネルギーが取り出せることになる。原子力発電で使われる核分裂反応も、基本的には質量欠損でエネルギーを取り出しているのだ。

アインシュタインの特殊相対性理論がなければ、実のところ、熱核融合でエネルギーを取り出すメカニズムは分からなかったことになる。星はアインシュタイン・エンジンで輝いているといっても過言ではない。

天の川銀河の正体

さて、今度は先生の天の川の形に関する説明に着目してみよう。

私どもの太陽がこのほゞ中ごろにあって地球がそのすぐ近くにあるとします。みなさんは夜にこのまん中に立ってこのレンズの中を見まはすとしてごらんなさい。こっちの方はレンズが薄いのでわづかの光る粒即ち星しか見えないのでせう。こっちやこっちの方はガラスが厚いので、光る粒即ち星がたくさん見えその遠いのはぼうっと白く見えるといふこれがつまり今日の銀河の説なのです。そんならこのレンズの大きさがどれ位あるかまた〔　〕[*24]その中のさまざまの星についてはもう時間ですからこの次の理科の時間にお話します。では今日はその銀河のお祭なのですからみなさんは外へでてよくそらをごらんなさい。ではこゝまでです。本やノートをおしまひなさい。（１２５頁）

天の川銀河をレンズに見立て、天の川がどのように見えるかを説明している。ところが、最初の一文がやや曖昧なので、少し注意が必要だ。

その最初の一文を、もう一度見てみよう。

私どもの太陽がこのほゞ中ごろにあって地球がそのすぐ近くにあるとします。

先生はレンズを指差しながらこの説明をしているのだと思う。〝中ごろ〟がレンズの中央部を意味すると問題が起こる。太陽は銀河系の中心にはないからだ。したがって、この先生の説明を矛盾なく理解するには図2‐3のような配置になる。

先生はこの図に示したような太陽の位置を示しながら、

私どもの太陽がこのほゞ（ほぼ）中ごろにあって地球がそのすぐ近くにあるとします。

と言ったのだろう。

実際、太陽系は銀河の中心から約2万6000光年離れたところに位置している。なお、銀河系の直径は約10万光年である。ここで、光年は天文学で使われる距離の単位で、光（電磁波）が1年間に進むことができる距離である。光速は秒速30万キロメートル。この速度で1年間進むと、1光年＝約10兆キロメートルになる。

こう思えば、先生の次の説明はよくわかる。

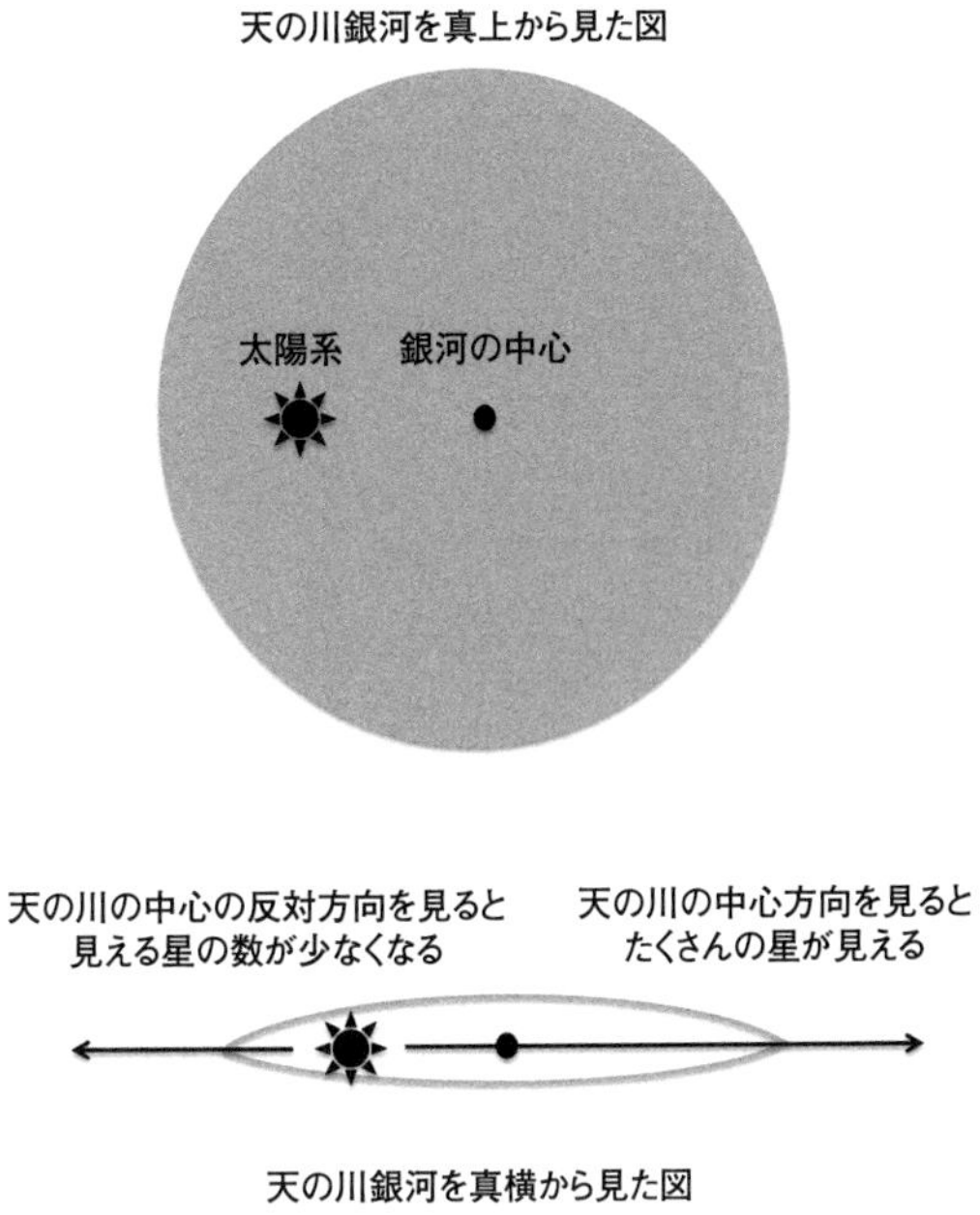

図２-３　天の川銀河の中における太陽系の位置。太陽系から銀河を眺めるとどのように星々が見えるかを模式的に示してある。下図の右方向が銀河系の中心方向で、夏の明るい天の川が見える。逆に左の方向は星の個数密度が減り、暗い冬の天の川が見える。

みなさんは夜にこのまん中に立ってこのレンズの中を見まはすとしてごらんなさい。こっちの方はレンズが薄いのでわづかの光る粒即ち星しか見えないのでせう。こっちやこっちの方はガラスが厚いので、光る粒即ち星がたくさん見えその遠いのはぼうっと白く見えるといふこれがつまり今日の銀河の説なのです。（１２５頁）

天の川銀河の形が凸レンズのような形をしていることは、大正時代に出版された天文学の教科書に出ていることを寺門和夫が指摘している。その教科書は古川龍城の著した『天文界之智嚢』で、大正十二年（１９２３年）に中興館書店から刊行されたものだ。ちなみにこの教科書は盛岡高等農林学校図書館の和漢書目録に出ているので、賢治もきっと読んだことだろう。

『天文界之智嚢』には、寺門和夫によれば、以下の記述があるとのことだ。

吾々の宇宙は大体凸レンズ形で横には相当に拡がって居るが厚さは至って薄いもので、其の中の略中央邊に吾が太陽系がある。夫《それ》で凸レンズの横の方向は多多の星が集積して天球面に投射されるから一つの大円をなして天球を一周する如く見える。是が即ち銀河である。併《しか》し縦の方は星が少ないから別に銀河の如く帯状にも見えない。

（『［銀河鉄道の夜］フィールド・ノート』寺門和夫著、青土社、２０１３年、１０８頁）

先生が凸レンズを利用して天の川銀河の説明をしていても不思議ではない。しかし、古川の説明では、

其の中の略中央邊に吾が太陽系がある

とされている。

しかし、先生の説明は明らかに図２‐３（95ページ）に示したようになされている。つまり、先生は古川の説明より正しい説明をしているのだ。

ところで、先生の説明の最初の一文については角川文庫版の『銀河鉄道の夜』（１９９６年改訂新版）では、以下の注釈がつけられている。

太陽がこのほぼ中ごろに　大正時代の天文書ではこのような銀河系モデルが通用してい

た。現在の天文学では、銀河系の中心から３万光年離《はな》れている。
（角川文庫版『銀河鉄道の夜』１９９６年改訂新版、２３５頁）

この注釈では「太陽系は銀河系の中心にある」と読みとったようだ。

大正時代の天文書ではこのような銀河系モデルが通用していた。

この文章における大正時代の天文書が古川の教科書だとすれば、この一文は正しい。ただし、第１章で紹介した明治・大正時代の天文学の教科書では、天の川銀河の構造に関する記述は極めて少ない。したがって、市井の人たちが天の川の中における正確な太陽系の位置について知る機会は少なかったであろう。

ところで、古川龍城は日本天文学会の学会誌である「天文月報」に記事を書いている。第十六巻（１９２３年）に『島宇宙説の現状』というディーン・ビー・マクローリンによって著された論文の翻訳を四回にわたって出している。きちんとした天文学者だったのであろう。また、『火星の生物』についても著書を出している[*25]（新光社、１９２４年）。銀河とはあまりにも分野の異なる話題だが、昔の天文学者は天文学全般について研究する傾向があった。要するに博学だったのだ。その意味では、驚くことではないかもしれない。

ハーシェル兄妹の挑戦

ここで、天の川の研究の歴史を振り返ってみることにしよう。18世紀後半、ドイツ出身でイギリスの天文学者であるウィリアム・ハーシェル（１７３８‐１８２２）は妹のカロライン（１７５０‐１８４８）と共に天の川の定量的な調査に着手した。口径48センチの反射望遠鏡を使い、６８３個に分割した天域（ハーシェルはゲージと呼んでいた。一つの天域の大きさは直径15分角）で星がそれぞれ何個観測されるか克明に調べたのである。[*26]

では、ハーシェル兄妹が得た天の川の地図を見てみよう（図２‐４、１００ページ）。この図では、実際の天の川の写真と比較しておいた。

ハーシェルは天の川は星の大集団であり、その大きさは６０００光年、厚みは１１００光年であるとした。銀河系の大きさは10万光年なので、かなり過小評価している。その理由は彼等が仮定したことにあった。

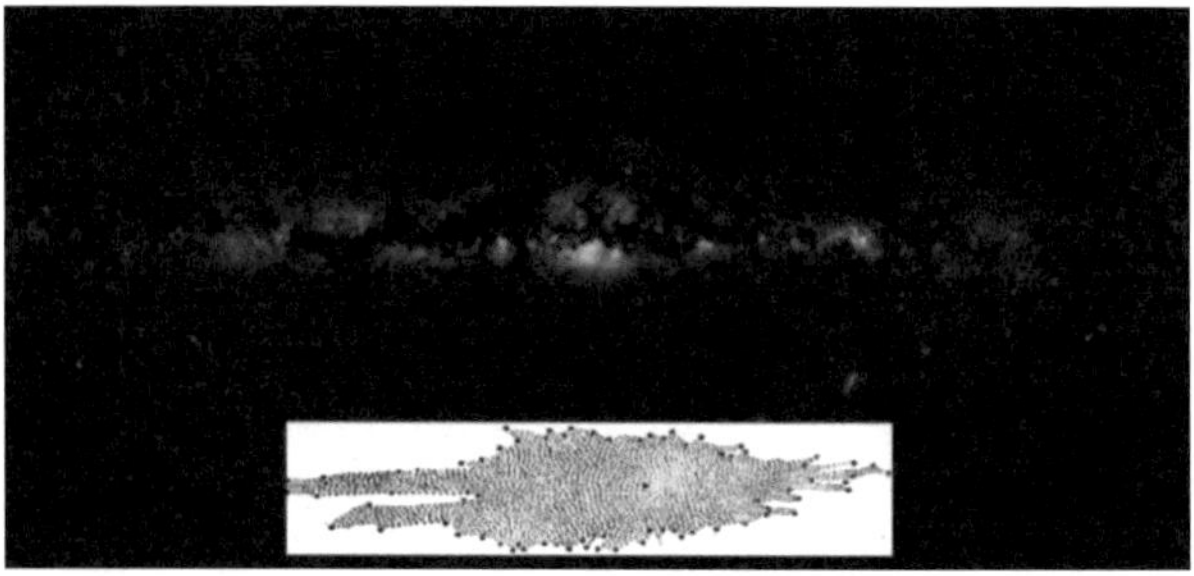

図2-4　ハーシェルの観測から得られた銀河系の姿を銀河系の全天写真と比較したもの。
天の川のイメージ：©ESO/S. Brunier

（1）すべての星の光度は同じである
（2）星は有限の領域に一様に分布している
（3）すべての星が見えている

じつは、これらの仮定はすべて誤りである。つまり、正しいことは以下のようになる。

（1）すべての星の光度は同じではない
（2）星は有限の領域にあるが、一様に分布していない
（3）すべての星は見えていない

しかし、当時は星までの距離が分からなかった。また、星間ガスによって星の明るさが暗くなっていることも分からなかった。そのような状況だったので、ハーシェルの仮定は、当時としては、やむを得なかった

のである。

ただ、驚くべきことは、ハーシェルは太陽系が銀河系の中心にあるとしたことである。科学的な調査であったにもかかわらず、自分たちが宇宙の中心に住んでいるという固定観念を払拭《ふっしょく》することができなかったのだろう。

フォン・ゼーリガーとカプタインの挑戦

19世紀に入るとドイツの天文学者であるフーゴ・フォン・ゼーリガー（１８４９‐１９２４）とオランダの天文学者であるヤコブス・カプタイン（１８５１‐１９２２）がハーシェルと同様な手法で天の川の調査を行った。スターカウント、再び、である。

フォン・ゼーリガーが１９２０年に彼が得た結論は「銀河系の大きさは１万６０００光年、厚みは６５００光年」であるが、ハーシェルと同様に太陽系は天の川の中心にあるとした。

一方、カプタインが１９２２年に得た結論は「銀河系の大きさは６万光年、厚みは５０００光年、太陽系の天の川中心からの距離は５０００光年」というものであった。彼のモデルの意味することは、銀河系はレンズの形をした、虚空に浮かぶ〝島宇宙〟であるということである。また、カプタインの結果で重要なことは「太陽は銀河系の中心にない」ことを明らかにしたことである。

フォン・ゼーリガーとカプタインの研究ではハーシェルの採用した仮定である〝(1)すべての星の光度は同じ〟と〝(2)星の一様分布〟を放棄したことである。もちろん、その代わりにいくつか仮定しなければならないことはあったが、星の光度と密度の分布関数を導入してデータの解析を行ったことは高く評価されてよいだろう。まだ、現在得られている銀河系の描像とはかけ離れているが、着実な進展はあった。

シャプレーの挑戦

このカプタインのモデルが提案されたのは1922年、賢治が26歳のことである。しかし、ハーロー・シャプレー(1885 - 1972)が別な方法で、太陽が天の川銀河の中心にないことを突き止めていた。それは天の川銀河を取り囲むように存在する球状星団の分布を調べて分かったことである。1918年のことであり、カプタインより4年も前のことだった。

シャプレーは球状星団の個数と銀経の関係を調べてみた(図2 - 5)。ここで銀経とは銀河座標のことで、天の川の中心方向を0°とし、天の川の銀河面に沿って東側に向かって増えていく。これと直交する方向は銀緯である(北側にプラス、南側にマイナス)。もし太陽が天の川銀河の中心に位置しているのであれば、球状星団の個数分布は銀経によらないはずである。

しかし、図2‐5を見ると明らかな偏りがある。この図で用いられている球状星団の個数はそれほど多くはないので、統計はよくないが、大雑把にいえば、銀経＝0°の方向（天の川の中心の方向）で多くなっている。これは太陽が天の川銀河の中心にないことを意味しているのだ。

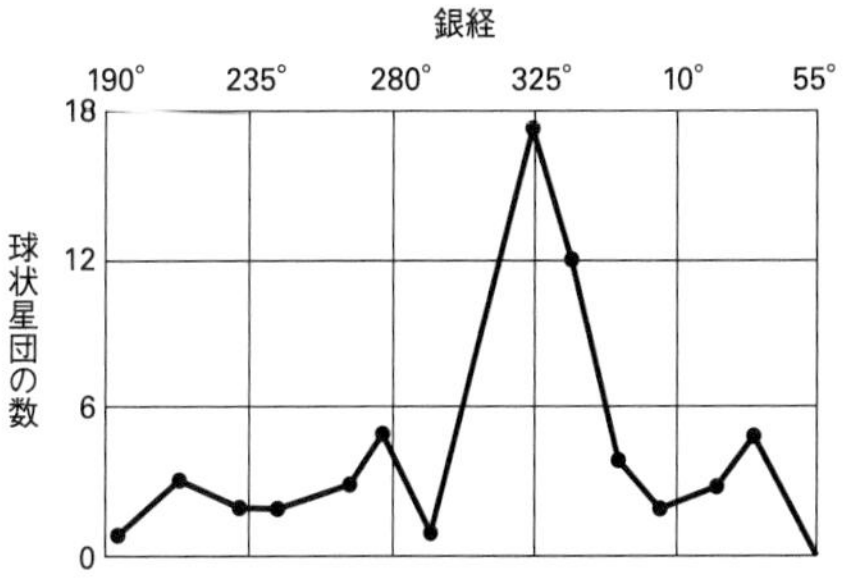

図2‐5　球状星団の個数と銀経の関係

一方、すでに述べてきたように、賢治が『銀河鉄道の夜』を書き始めたのは1924年頃のことだといわれている。当時の日本でカプタインやシャプレーの研究成果を知る機会があったかどうかは定かではない。しかし、先生の説明はあたかもそれらを知っていたかのようである。

みなさんは夜にこのまん中に立ってこのレンズの中を見まはすとしてごらんなさい。こっちの方［著者註：天の川の中心とは反対の方向］はレンズが薄いのでわづかの光る粒即ち星しか見えないのでせう。こっちやこっち［著者註：天の川の中心の方向］の方はガラスが厚いので、光る粒即ち星がたくさん見えその遠いのはぼうっと白く見えるといふこれがつまり今日の銀河の説なのです。
（125頁）

これまで述べてきたことだが、結局のところ、この説明は現在の銀河系のモデルを正確に言い表しているのだ。したがって、

私どもの太陽がこのほゞ中ごろにあって地球がそのすぐ近くにあるとします。（125頁）

この文章に出てくる〝中ごろ〟というのは、やはり、レンズの中心を意味するのではなく、レンズの中の中途半端な位置にあることを、指で指し示していたと考えるほうが自然である。ジョバンニの先生は偉い。

イーストンの挑戦

「太陽は銀河系の中心にあるわけではない」――。このことを最初に見抜いたのはカプタイ

ンである。しかし、カプタインと同時代に活躍したオランダの天文学者、コルネリス・イーストン（１８６４‐１９２９）もこの事実を見抜いていた。

イーストンは子供の頃、いわゆる天文少年であり、夜空を眺めるのが好きだった。これは、賢治と同じだ。大学（パリのソルボンヌ大学）では語学を専攻したので、天文学を本格的に学んだことはなかった。職業は新聞や雑誌の記者であったが、天の川に関心があったため、天の川の詳細なスケッチを描いて楽しんでいた。

彼は、天の川の明るさが見る方向によって違うことに関心を持った。もし、太陽系が天の川の中心にあるのであれば、どの方向を見ても、おおむね同じ明るさに見えるはずだ。しかし、スケッチを見る限りそうはなっていない。

そこでスケッチの結果を、ボン掃天星表[*27]に基づいて調べた星の分布と比較してみた。すると、スケッチの結果と星表から得られた星の分布は一致した。つまり、太陽系は天の川の中心にはないのだ。

また、彼はスケッチに基づいて天の川の構造について考えてみた。その結果、天の川は渦巻星雲（渦巻銀河を意味するが、当時はまだ星雲という位置づけであった）であることを提唱するに至ったのだ。まだ、１９００年のことだった。かなり先駆的な研究成果を残したことになる。彼の渦巻星雲モデルは日本でも紹介されていた。スヴァンテ・アレニウス（１８５９-１９２７）が著した『最近の宇宙観』（一戸直蔵訳、大鐙閣、大正九年［１９２０年］）に出ている。

この本の36頁と37頁の間に図1として出ている（図はテキストとは独立して挿入されている）のが、イーストンの天の川の渦巻星雲モデルである（図２-６）。太陽系はこの図の真ん中に位置しており、その周辺に太陽系を取り巻くように渦巻構造が描かれている。

天の川の中心は、この図の左側にある色の濃い部分である。円の周りには星座名が記されている。これを見ると分かるように、天の川の中心の方向は、はくちょう座にあると判断したようだ（実際には、いて座の方向）。

じつは、アレニウスの教科書はもう一つある。『宇宙発展論』（スヴァンテ・アレニウス著、一戸直蔵訳、大倉書店、大正三年［１９１４年］）である。私はこの本を見たことはないが、ひょっとするとこちらでもイーストンの成果が紹介されているかもしれない。いずれにしても、『最近の宇宙観』は１９２０年刊行なので、賢治が読んでいる可能性はあるだろう。

図２-６　イーストンが提唱した天の川銀河の渦巻星雲モデル。『最近の宇宙観』（スヴァンテ・アレニウス著、一戸直蔵訳、大鐙閣、大正九年［1920年］）の図を接写撮影したもの

〔二〕活版所

この節には天文に関わる話は出てこない。残念だが、スキップしよう。

三、家

銀河のお祭

家に戻ったジョバンニは、お母さんと少し会話をする。その中でお母さんがジョバンニに言う。

「さうだ。今晩は銀河のお祭だねえ。」（１２９頁）

天の川がよく見える季節は夏である。したがって、銀河のお祭も夏に行われているものだろう。そうすると、最も合致するのは七夕祭になる（ただし、次節も参照されたい）。

私の住んでいる宮城県の仙台市は七夕まつりで有名である。七夕まつりでもう一つ有名な町は神奈川県の平塚市だ。仙台では月遅れで８月６日から８日の三日間、盛大に行われる。５日は前夜祭ということで、これまた盛大な花火大会が行われ、大勢の人が繰り出す。

東北地方の夏祭は８月上旬に集中している。青森のねぶた（８月２‐７日）、弘前のねぷた（８月１‐７日）、秋田の竿燈（８月３‐６日）、山形の花笠（８月５‐７日）、福島のわらじまつり（８月第１金曜～日曜）といった具合だ。本来なら七夕は７月７日である。しかし、このような東北の事情もあるので、『銀河鉄道の夜』に出てくる、つまり花巻で行われることを想定した銀河の祭も８月に行われる祭だと思ってよいだろう。

七夕

銀河の祭がどのようなものだったか不明だが、先にあげた祭の中で宇宙に関わりの深い祭は七夕である。七夕は中国で生まれた物語である。織女《しょくじょ》と牽牛《けんぎゅう》の悲恋の物語として有名である。奈良時代に日本に伝わり、ご承知のように日本で広まった。仙台市民として七夕まつりを眺めていると、感じることは〝静〟である。一方、宮城県以外の東北地方の祭は〝動〟

である。県民性の違いかどうか不明だが、顕著な差がある。果たして、銀河の祭が〝静〟だったのか〝動〟だったのかが気になるところである。

また、夏祭りには晴れの天気が似合う。ところが、七夕はそもそも雨乞いの祭なのである。五穀豊穣には好天も大切だが、適度の雨も必要だからだろう。

さて、七夕伝説だ。天の川の水量が増すわけではないが、七夕の夜、天の川を渡れない二人がいた。織女と牽牛である。それぞれ、こと座のα星ヴェガ（Vega、おりひめ星、織女星）と、わし座のα星アルタイル（Altair、牽牛星、彦星）に対応づけられている。この二つの星を結ぶ銀河鉄道があればよかったと思う。そうすれば、織姫と牽牛は七夕の夜に出会えただろうに。残念。

〔四〕ケンタウル祭の夜

ケンタウル祭

ジョバンニのお母さんが言った〝銀河のお祭〟がこのケンタウル祭のことを意味するのだ

ろう。では、前節で述べたように東北地方の夏祭りに当てはめてよいかというと、どうもそう単純ではなさそうだ。というのは、〝夏至の日に行われる祭り〟という解釈もあるからだ。『宮澤賢治語彙辞典』（原子朗編著、東京書籍、1989年）のケンタウル祭の項目を見ると、以下の説明がある（230頁）。

> ヨーロッパに広く行われてきた、守護神、聖（洗礼者）ヨハネを祭る聖ジョヴァンニの祭（六月二四日[*28]。異教時代の夏至の祭を起源とする）の影響も考えられる。……彼［註：賢治のこと］のケンタウル祭も、日本の七夕祭とこのジョヴァンニの祭が結びついたものかもしれない。

なるほど、聖ジョバンニの祭といわれると納得できる感じもする。日本国内では夏至の日に特別な祭りをすることはないが、ヨーロッパでは確かに夏至祭が有名である。『銀河鉄道の夜』の主人公の名前はジョバンニである。賢治の中では、ケンタウル祭は夏至の日のお祭りを意識していたのかもしれない。

しかし、『銀河鉄道の夜』が醸し出す雰囲気は、夏である。夏至は6月下旬だ。確かに夏は近づいてきているが、真夏ではない。夏は梅雨が明けて本格的になるものだ。

また、常識的に考えると、以下のような無理のない流れになる。

　銀河――→天の川――→七夕

この路線を考えると、ケンタウル祭、つまり銀河の祭りは、夏至ではなく、八月に行われているほうが馴染む。

ケンタウル祭の開催時期については、寺門和夫が『「銀河鉄道の夜」フィールド・ノート』で詳しく検討しているので紹介しておこう。ポイントをまとめると以下のようになる。[*29]

・銀河の祭り――→連想されるのは七夕
・烏瓜を流す行事（１３０頁）――→灯籠流しの行事に類似――→お盆の行事
・リンドウの花が咲き、ススキの穂が出ている[*30]（１３７頁）――→秋の気配

寺門はこれらの状況証拠から、ケンタウル祭、つまり銀河の祭りは夏祭りであり、八月に

行われたものであると推察している。どう考えても、夏至説より分かりやすい。ということで、私もこの推察は適切だと考えている。

ところで、天文学者としては、ケンタウル祭という名称にはなんとなく違和感を感じる。

それは天文の世界で類似の言葉を探すと、ケンタウルス座という星座の名称があるからだ。

〝ケンタウル〟ではない。〝ケンタウルス〟なのだ。

賢治もこの星座名を意識していたのだろうが、ケンタウルスから〝ス〟を削除したことに何か意味があったのかと考えてしまう。物語なので、基本は創作である。その意味では、気にしなくてもよいのだろうが、賢治の真意を知りたいものだ。

まさか誤植というわけではあるまい。実際、第九節に次の一文も出てくる。

「ケンタウル露をふらせ。」（１６４頁）

そもそもこの言葉を放ったのは、ジョバンニでもなく、カムパネルラでもない。

いきなりいままで睡ってゐたジョバンニのとなりの男の子が向ふの窓を見ながら叫んで

ゐました。（164頁）

ということで、謎の言葉である。ケンタウルスではなくケンタウルであることが確認できるだけである。[*31]

星座早見

さて、それでは本文を見ていこう。この節では、まず星座早見の話が出てくる。賢治が祭りの準備が整えられた街の中へ入っていったときのことだ。

ジョバンニは、せはしくいろいろのことを考へながら、さまざまの灯や木の枝で、すっかりきれいに飾られた街を通って行きました。時計屋の店には明るくネオン燈がついて、一秒ごとに石でこさえたふくらふの赤い眼が、くるっくるっとうごいたり、いろいろな宝石が海のやうな色をした厚い硝子の盤に載って星のやうにゆっくり循ったり、また向ふ側から、銅の人馬がゆっくりこっちへまはって来たりするのでした。そのまん中に円い黒い星座早見が青いアスパラガスの葉で飾ってありました。

ジョバンニはわれを忘れて、その星座の図に見入りました。

それはひる学校で見たあの図よりはずうっと小さかったのですがその日と時間に合せて盤をまはすと、そのとき出てゐるそらがそのまゝ〔楕〕円形のなかにめぐってあらはれるやうになって居りやはりそのまん中には上から下へかけて銀河がぼうとけむったやうな帯になってその下の方ではかすかに爆発して湯気でもあげてゐるやうに見えるのでした。またそのうしろには三本の脚のついた小さな望遠鏡が黄いろに光って立ってゐましたしいちばんうしろの壁には空ぢ〔ゆ〕うの星座をふしぎな獣や蛇や魚や瓶の形に書いた大きな図がかかってゐました。ほんたうにこんなやうな蝎だの勇士だのそらにぎっしり居るだらうか、あゝぼくはその中をどこまでも歩いて見たいと思ってたりしてしばらくぼんやり立って居ました。（１３１頁）

ここで「星座早見」という言葉が出てくる。文章中に説明があるように、日付と時刻を合わせると、そのとき見えている夜空の様子が分かる、大変便利なものである。

私の書斎にも一つある。賢治が使っていた星座早見は日本天文學會編の「星座早見」である（図２‐７、１１６ページ）。

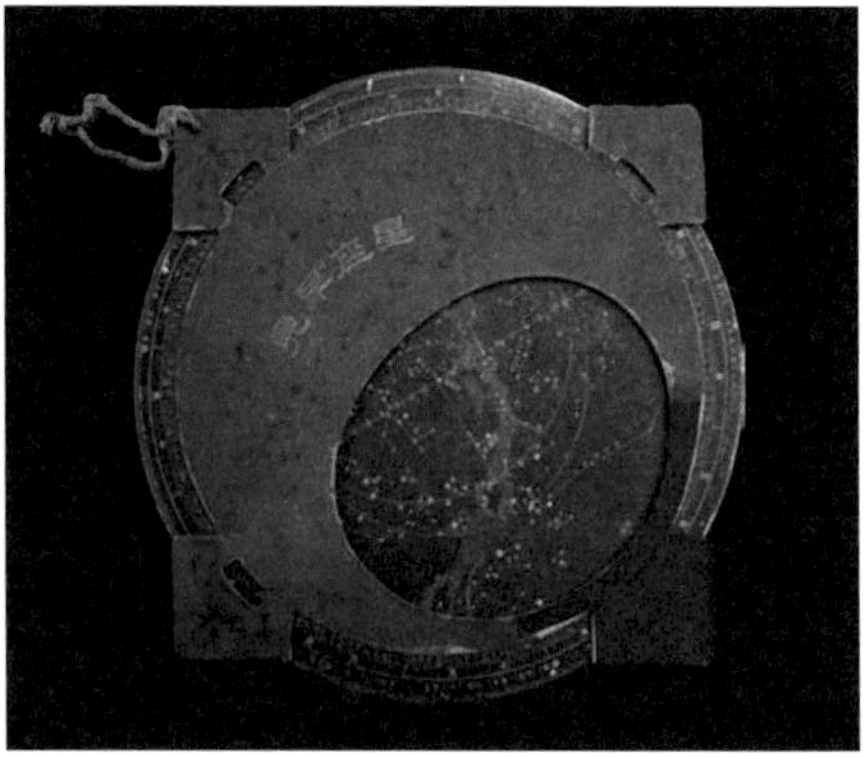

図２-７　国立天文台水沢VLBI観測所の図書室にある星座早見。日本天文學會編で三省堂が発行したもの。第十六版。なお、初版は明治四十年。（国立天文台ニュース　宮澤賢治生誕120周年記念連載『銀河鉄道の夜空へ』渡部潤一、『銀河鉄道の夜空へ』制作委員会編、壱“Al Nokta ĉielo de la Galaksia Fervojo”2016年12月号、34頁）。なお、『［銀河鉄道の夜］フィールド・ノート』（寺門和夫著、青土社、2013年）の16頁にも写真が出ている。
国立天文台ニュース　宮澤賢治生誕120周年『銀河鉄道の夜空へ』渡部潤一、『銀河鉄道の夜空へ』制作委員会編、壱“Al Nokta ĉielo de la Galaksia Fervojo”2016年12月号、34頁から取得

暗黒星雲

私の持っている星座早見でも天の川の様子が分かるようになっているが、賢治の持っていたものでもそうなっている。天の川は綺麗な帯のようには見えず、やや複雑な構造をしている。それは星の分布がそうなっているというよりは、暗黒星雲がたくさんあるためだ。

暗黒星雲はガスでできた星雲だが、比較的密度の高いほうである。密度が高いといっても、１cc（立方センチメートル）当たり水素分子が10万個程度だが、ダスト（岩石を細かく砕いたようなもの）も含まれている。背景からやってくる光はダストに吸収されたり、散乱されたりする。したがって、背景からやってくる光の量が減る。そのため、その星雲のある方向では、黒いシルエットのようになり、暗黒星雲として観測されるというわけだ。

太陽系の近くにある暗黒星雲の中で最も有名なのは〝馬頭星雲〟である（図２-８、１１８ページ）。太陽系からの距離は１５００光年。名前の通り、まるで馬の頭のように見える。鬣《たてがみ》のような構造まであるから愛嬌《あいきょう》がある。この星雲の周りには星を活発に生み出すような密度の高い、冷たい分子ガス雲が広がっている。実際、分子ガスの放射するスペクトル線（一酸化炭素分子）やダスト（サブミリ波帯で連続光として観測される）で見ると、馬

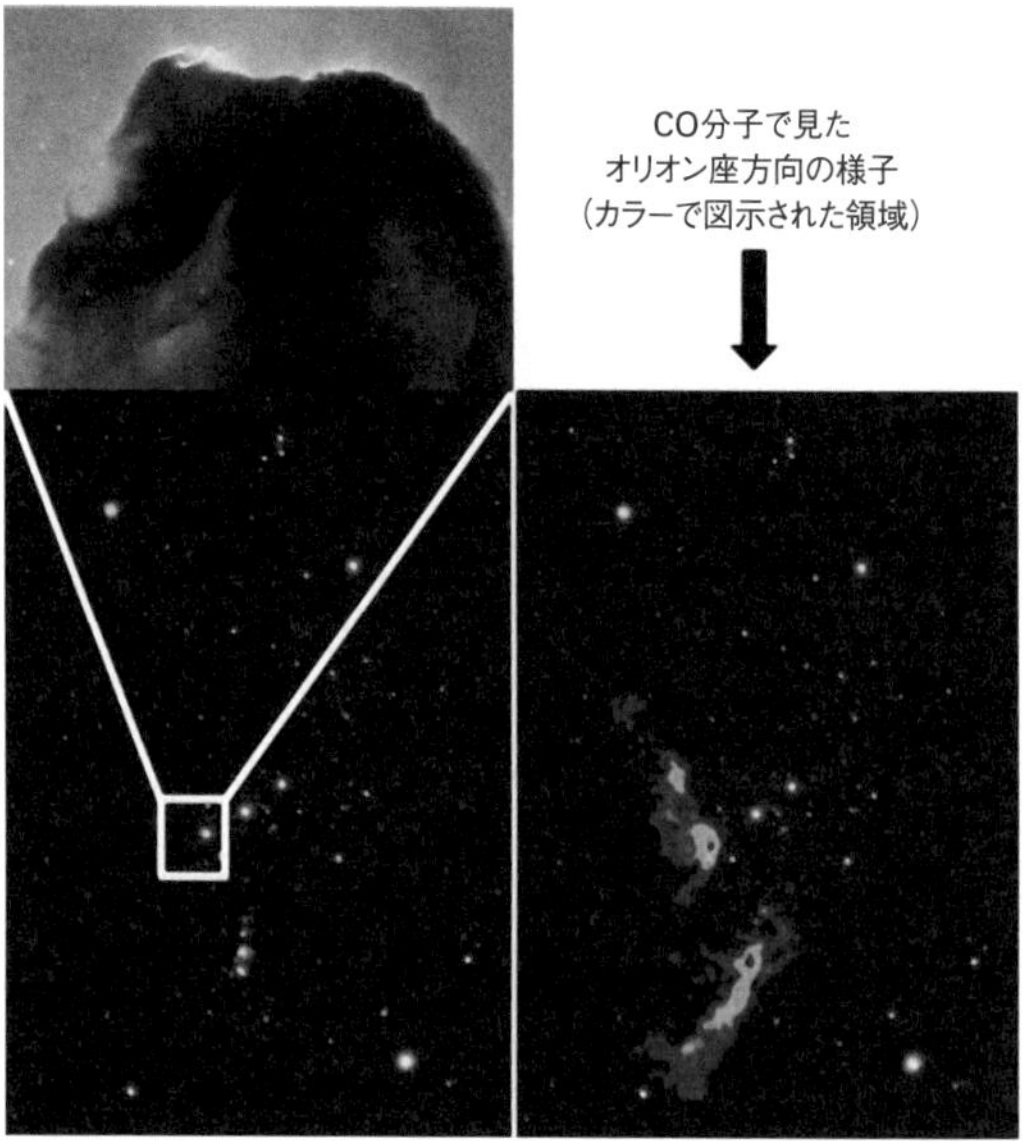

図2-8　オリオン座の方向に見える広がったガス雲（右下)。三つ星の左下（方角としては南東側；図の左下）に馬頭星雲がある(左上)。
下の２枚のイメージは国立天文台野辺山宇宙電波観測所で公開されていたものだが、今では削除されている。
上の画像：©NASA, NOAO, ESA and The Hubble Heritage Team STScI/AURA

頭星雲は明るく輝いて見える。

馬頭星雲周辺の分子ガス雲はかなり広がっていて、さらにその広がりは三つ星の下に見えている〝オリオン大星雲〟を呑《の》み込むに至っている。このような分子ガス雲のネットワークが天の川の円盤全体に広がっていると考えてよい。

天の川は大きさ約10万光年の渦巻銀河である。渦巻を作る円盤部には、星々だけでなく、これから星を生み出すような冷たい分子ガス雲もたくさんあるのだ。

私たちは円盤を真横から見ているので、円盤の見え方はガス雲の分布に左右される。見ている方向に密度の高いガス雲があれば、それらは暗黒星雲として見えることになるからだ。

実際に、天の川の姿を見てみるとよく分かる（図１-２〈34ページ〉、図２-１〈74ページ〉）。銀河の中心方向の上側にも暗黒星雲の帯が伸びているのが見える。これを見ると、賢治ではないが、何か爆発したような姿とも思えてくる。

> そのまん中には上から下へかけて銀河がぼうとけむったやうな帯になってその下の方ではかすかに爆発して湯気でもあげてゐるやうに見えるのでした。（１３１頁）

この構造の成因はまだ確定されているわけではない。ただ、爆発ではなく、ガスを含んだ小さな銀河が合体した痕跡である可能性が議論されているところだ（第九節で説明するグールド・ベルトの項を参照されたい）。

そして、賢治はさらに畳みかける。

> またそのうしろには三本の脚のついた小さな望遠鏡が黄いろに光って立ってゐましたしいちばんうしろの壁には空ぢ〔ゆ〕うの星座をふしぎな獣や蛇や魚や瓶の形に書いた大きな図がかかってゐました。（131頁）

望遠鏡も出てくるし、星座の様子や、ギリシア神話の創造物（不思議な獣や魚や瓶の形などだが、これらは星座の名前になっている）にも触れている。賢治は、これから銀河鉄道に乗り込む布石として、これらの説明を入れたのだろう。

〔五、〕　天気輪の柱

天気輪

この節では、いきなり耳慣れない言葉が出てくる。それは節のタイトルにある天気輪の柱である。

そのまっ黒な、松や楢の林を越えると、俄かにがらんと空がひらけて、天の川がしらしらと南から北へ亘ってゐるのが見え、また頂の、天気輪の柱も見わけられたのでした。つりがねさうか野ぎくかの花が、そこらいちめんに、夢の中からでも薫りだしたといふやうに咲き、鳥が一疋、丘の上を鳴き続けながら通って行きました。

ジョバンニは、頂の天気輪の柱の下に来て、どかどかするからだを、つめたい草に投げました。（１３３‐１３４頁）

天気輪。正確には天気輪の柱だが、そもそも、天気輪という言葉を聞いたことがない。皆さんも同じではないだろうか。この言葉は、実際のところ、賢治の創り出した言葉のようだ。天気輪を単語として分けるとすれば、「天気」と「輪」である。しかし、この組み合わせで思いつくことは少ない。

天気という言葉から気象関係のことだとすれば、思いつくのは幻日環《げんじつかん》ぐらいだろうか（図2-9）。この図を見ると、太陽を貫くような弧状の構造がある。これが幻日環である。この写真は南極で撮影されたものだが、大気中の氷晶に太陽の光が反射して幻日環が見えている。稀《まれ》な現象だが、日本国内でも観測されている。

ひょっとしたら、賢治も花巻で見たかもしれない。なぜなら、賢治の心象スケッチの中に〔日に暈《かさ》ができ〕というのがあるからだ。

一〇四〇　〔日に暈ができ〕　一九二七、四、一九、

日に暈ができ
風はつめたい西へまはった

図2-9　2005年11月9日、南極点観測所で撮影された幻日環。(National Oceanic and Atmospheric Administration)

ああ　レーキ
あんまり睡い
（巨きな黄いろな芽のなかを
　たゞぼうぼうと泳ぐのさ）

杉みな昏く
かげらふ白い湯気にかはる

（第四巻　68頁）

この詩にある暈は光環のことである。実際、賢治の「詩ノート」のほうでは〔光環ができ〕になっている。

一〇四〇　〔光環ができ〕　一九二七、四、一九、

光環ができ
軟風《かぜ》はつめたい西にかはった

プラウを返せ
そんなに睡いなら
あの森のへりの
ヒアシンスの花の形した
巨きな黄いろな芽をたべてこい

（第四巻　２１６頁。なお、説明は第四巻校異編の１３４‐１３５頁にあるので参照されたい）

この〝光環〟が何を意味するか正確には分からないが、賢治の見た幻日環の現象を指しているのかもしれない。

ただ、幻日環は大気中の氷晶が引き起こす現象である。夏祭りの夜には似合わない。

それはさておき、天気輪に関しては、角川文庫の『銀河鉄道の夜』で、大塚常樹が注釈として、以下の説明を与えているので紹介しておこう（２３５‐２３６頁）。

天気輪の柱　実在しない。詩「病技師〔二〕」では「五輪塔」からの書き換え。五輪塔は、宇宙のすべてを5根本要素（地水火風空）に還元し、人体も5要素から成る小宇宙と見なす密教の宇宙観の具象化。[*32] 即ち人間を宇宙の統率神そのものの具現化とする。また『銀河鉄道の夜』を織りなすもう一方の宗教キリスト教では、神は絶対的な創造主で人間が成ることは不可能である。作中に登場する賛美歌「主よみもとに近づかん」や、ジョバンニとキリスト教徒の青年との、神さまや天国のありかたをめぐる論争が、この天気輪の機能に反映されていよう。なお中野美代子（新校本全集〈第8巻〉「月報1」）は、「海の底のお宮」が竜宮を指すことから、中国の天文学の竜座と麒麟座、[*33] ケフェウス座中の3星を結んだ、紫微宮《しびきゅう》にあたる「天の麒麟の輪」と解釈する。

紫微宮説が正しければ、天気輪は「天」「麒麟（輪）」、つまり、「天気」「輪」ではなく、「天」「気輪」と分けることになる。

さて、第六節を先取りする形になるが、次の文章が気になるところだ。

「あゝ、ぼく銀河ステーションを通ったらうか。いまぼくたちの居るとこ、ここだらう。」

　ジョバンニは、白鳥と書いてある停車場のしるしの、すぐ北を指しました。（１３６頁）

　この場合、銀河ステーションの出発地は、星座でいうとケフェウス座になる。こうなると、紫微宮説にも一理あるように思われてくる。この説が正しい場合、それは〝意味〟として正しいということだ。賢治は博学だったので、紫微宮のことを知っていたとしても不思議ではない。そして、〝意味〟としての天気輪に、存在しない（つまり、実在しない）構造物を当てはめた、ということである。ただ、その構造物がなんであるかは、依然として不明のままだ。

　また、「天」「気」「輪」とするアイデアも寺門和夫が『「銀河鉄道の夜」フィールド・ノート』で議論している（24頁）。この場合、

「天」＝天の方向
「気」＝雲
「輪」＝筒のようなもの

つまり、臨時水沢緯度観測所（２４９〜２５０ページ参照）にあった眼視天頂儀（細長い筒状の望遠鏡）を見て感銘を受けた賢治が、それを天気輪としてイメージしたというアイデアである。私は天文学者なので、こういう発想は大好きだ。

こうしてみると、やはり天気輪については、いろいろ議論がなされてきていることが分かる。だが、どうも幻日環とは関係なさそうだ。

ただ、賢治の次の表現を読むと、彼の中では実在（創造？）した柱状のものだったと考えるほうがよい。

> そのまっ黒な、松や楢の林を越えると、俄かにがらんと空がひらけて、天の川がしらしらと南から北へ亘ってゐるのが見え、また頂の、天気輪の柱も見わけられたのでした。
>
> （１３３頁）

柱が見分けられるのであれば、何らかの建造物であるほうが自然だ。もちろん、柱のように見えるが、柱としての実体はないものである可能性も残されるだろう。山の頂に見えている柱なので、地面に接しておらず、ぽっかりと浮いていても問題はなさそうだ。賢治の世界は、いつも不確定である。

そのあとにも、次の一文が出てくる。やはり、柱状のものだ。


　ジョバンニは、頂の天気輪の柱の下に来て、どかどかするからだを、つめたい草に投げました。（１３４頁）

〝どかどかするからだ〟という表現は面白い。〝どかどか〟が何を意味しているのかは定かではないが、火照った身体を意味しているように思われる。問題はなぜ身体が火照ったかである。単純に考えれば、体が火照るのは運動の効果である。実際、ジョバンニは山道を登ってきて天気輪の柱に辿《たど》りついている。

しかし、天気輪の柱がどんな構造物なのか、あるいは実体か幻想の産物なのかについては、現時点で判断を下すことはできそうもない。

ただ、一つ気になる表現がある。それは、

　天気輪の柱の下

である。ひょっとしたら、柱は宙に浮いているのだろうか。それなら、柱の下で休むことができる。

謎は深まるばかりだが、天気輪については第六節でまた触れることにして、先に進もう。

天の川銀河

さて、また続けよう。いよいよ銀河の話だ。

> あゝあの白いそらの帯がみんな星〔だ〕といふぞ〔。〕
> ところがいくら見てゐても、そのそらはひる先生の云ったやうな、がらんとした冷いとこだとは思はれませんでした。それどころでなく、見れば見るほど、そこは小さな林や牧場やらある野原のやうに考へられて仕方なかったのです。そしてジョバンニは青い琴の星が、三つにも四つにもなって、ちらちら瞬き、脚が何べんも出たり引っ込んだりして、たうたう蕈《きのこ》のやうに長く延びるのを見ました。またすぐ眼の下のまちまでがやっぱりぼんやりしたたくさんの星の集りか一つの大きなけむりかのやうに見えるやうに

思ひました。（１３４頁）

第一節で出てきたように、ジョバンニはカムパネルラの家で銀河の写真を眺めていた。つまり、銀河は星の集団であることを頭の中では理解していたはずである。ところが、現実に夜空を眺め、天の川を見ると星の集団のようには見えなかったのである。

そこは小さな林や牧場やらある野原のやうに考へられて仕方なかったのです。

天の川を眺めて、そこに日常の世界を見るようなことは、普通はないだろう。ただ、よくいわれることは、『銀河鉄道の夜』に出てくる天の川は平面的であることだ。そして、乗客はそのそばにある現実的な風景の中で旅をする趣向になっている。そう思わなければ、天の川の中に、林や牧場やらある野原のようなものは見えないはずだ。もちろん、何かの天文現象を象徴する暗喩である可能性も残されているだろう。

また、もう一つ面白い一文があることに気がつく。

そしてジョバンニは青い琴の星が、三つにも四つにもなって、ちらちら瞬き、脚が何べんも出たり引っ込んだりして、たうたう蕈《きのこ》のやうに長く延びるのを見ました。

ここで〝青い琴の星〟は、こと座のα星ヴェガのことである。ヴェガは表面温度が9300KのA0型星で（星のスペクトル型については〔九、〕ジョバンニの切符の節にある図2-43〈242ページ〉のHR図とその説明を参照されたい）、実際に青白く見える星である。

三つにも四つにもなって、ちらちら瞬き、

これはよく分からないが、乱視の人が明るい星を見ると、二つや三つに見えることがある。かくいう私もそうだ。しかし、ここで乱視が出てくる必然性はない。こと座にはヴェガの他にも、その南東側に四つの目立つ星が見える。β《ベータ》星、γ《ガンマ》星、δ《デルタ》星、そしてζ《ゼータ》星が平行四辺形の形で並んでいる。

つまり、〝**三つにも四つにもなって**〟という表現は、これら四つの星のことを意味しているのだろう。

ところが、まだ奇妙な表現が出てくる。

たうたう蕈《きのこ》のやうに長く延びるのを見ました。

これはおそらく、β星とγ星の間に見える惑星状星雲M57（図2-31〈198ページ〉左下の写真を参照）のことを暗喩しているのではないだろうか（惑星状星雲については次節の〝星雲の世界〟と図2-30〈196ページ〉を参照されたい）。

星雲としての天気輪

蕈＝M57。この可能性は、すでに斎藤文一によっても指摘されている（『宮沢賢治――四次元論の展開』国文社、1991年、71頁）。しかも、このことから類推して、斎藤は天気輪の正体について次の提案をしている（同書、72頁）。

天気輪＝光る雲の円錐《えんすい》体

この場合、雲は空に浮かぶ雲ではなく、天の川の中にある星雲である。これは天文学的な解釈である。

しかし、斎藤はその後、賢治の宗教性を考慮して、天気輪に関してまったく別な議論も展開している。例えば、法華経「見宝塔品第十一」や五輪塔を候補としている。確かに、賢治は科学のみならず、宗教にのめり込んでいた人だ。したがって、天気輪を宗教的なものに結びつけるのは想定内だろう。

また、もう一つ有力な説があり、『宮澤賢治語彙辞典』（原子朗編著、東京書籍、１９８９年）に紹介されている。盛岡市の北部にある曹洞宗の寺院、清養院の山門の入り口に立っている「お天気柱」である。賢治は盛岡中学時代、２ヶ月間、このお寺に下宿したので、この柱のことを知っていたはずである。つまり、この「お天気柱」から天気輪の柱を思いついた可能性があるということだ。これも一理ある。

一般に、宗教では地上界（俗なる空間）と天上界（聖なる空間）とを区別するものである。そして、地上界から天上界に行くには、何らかの移動の道を用意する。それは通称〝宇宙柱(cosmic pillar)〟と呼ばれる。この宇宙柱は、その名前の通り、柱であってもよい。また、棒や梯子《はしご》や塔でもよい。この文脈で考えれば、天気輪の柱はまさに宇宙柱の象徴として捉えることも可能になるだろう。このアイデアは上田哲が「『銀河鉄道の夜』——賢治の異空間体験」で解説している（『作品論 宮沢賢治』萬田務、伊藤眞一郎編、双文社出版、１９８４年、２６６-２６７頁）。

天気輪の柱の宗教的な解釈も興味が尽きない。ただ、天文学者の私が入り込める領域ではなさそうなので、興味のある方は斎藤純の著書などをご覧いただくのがよいだろう。[*34]

しかし、面白い。賢治が残した漢字三文字の言葉である天気輪。この解釈をめぐって、さまざまな議論が展開されているのだ。議論してどうなるのか？——そう考えてもしまう。ただ、人は何か謎めいたことがあると、それにのめり込んでしまうようだ。私たちは賢治の術中にはめられたということだろうか。

〔六、〕銀河ステーション

またまた天気輪[*35]

第六節のタイトルは銀河ステーション。いよいよ佳境に入ってきた感じがする。ところが、冒頭の文章には、また天気輪が出てくる。

そしてジョバンニはすぐうしろの天気輪の柱がいつかぼんやりした三角標の形になって、しばらく蛍のやうに、ぺかぺか消えたりともったりしてゐるのを見ました。それはだんだんはっきりして、たうたうりんとうごかないやうになり、濃い鋼青のそらの野原にたちました。いま新らしく灼いたばかりの青い鋼の板のやうな、そらの野原に、まっすぐにすきっと立ったのです。（134-135頁）

これを読む限り、天気輪が何であるか、まったく理解できない。ただ、これから始まる銀河鉄道の旅を見送るにふさわしい役割を天気輪は担っているように思う。本来なら駅なのだろうが、少し違う。道標でもないが、何か駅を暗示する塔のようなものなのだろう。

賢治は天気輪に何を見ていたのだろう。第五節で「天」「気」「輪」とするアイデアを紹介した。そこでは、以下の組み合わせであった。

「天」＝天の方向

「気」＝雲

「輪」＝筒のようなもの

このアイデアを借りて、別の組み合わせを考えてみよう。

「天」＝お天道様（太陽）

「気」＝気象現象

「輪」＝輪のようなもの

つまり、太陽や地球の大気が原因で発生する気象現象で、輪のような構造として見えるものになる。それに相当するものはあるのだろうか。じつは、ある。夜空の発光現象だ。

天気輪＝夜空の発光現象

この説はあまりにも唐突である。何を根拠に？　そう言いたくなるような話だ。

まずは、賢治が夜空の発光現象についてどの程度の知識を持っていたか不明である。しかし、オーロラはどうだろう。オーロラなら誰でも知っている。あらゆる自然現象に興味を抱いていた賢治のことだから、知っていたと考えた方がよいだろう。あとで説明するが、オーロラは北極や南極の極地方（高緯度地方）で見えるだけではなく、日本のような低緯度地方でも、稀ではあるが見ることができる。低緯度オーロラと呼ばれる現象である。

じつは、１９０９年９月25日から26日にかけて、日本で低緯度オーロラが見えたとの記録が残っている。見えた地域は北海道、東北、北陸、広島、そして四国の松山までと広い範囲で観測されている（「日本における低緯度オーロラの記録について」中沢陽、１９９９年、「天文月報」第92巻、２月号、94‐１０１頁）。１９０９年といえば、賢治が13歳の頃である。夜の山歩きが好きだった賢治が見ていたとしても不思議はない。仮に見ていなかったとしても、大きなニュースになったであろうから、花巻でもオーロラが見えることに感動を覚えたことだろう。

じつは、賢治とオーロラの関係を明快に論じた人がいる。斎藤文一である。『宮沢賢治とその展開――氷窒素の世界』（国文社、１９７６年）。この序章、第二節に「氷窒素に寄せて――賢治とオーロラ」という論考を展開している。また、斎藤文一は続編の『宮沢賢治と銀河体験』（国文社、１９８０年）でも、さらなる考察を進めている。

また、前節の最後に紹介したように、斎藤文一はその後、

天気輪＝光る雲の円錐体

ではないかと提案していたことを述べた（『宮沢賢治――四次元論の展開』国文社、１９９1年、72頁）。オーロラにしろ、光る雲にしろ、何か塔のような構造物を意味しているものではない。霊感の強い賢治のことだから、ひょっとしたら発光現象の可能性のほうが強いのかもしれない。

そこで、これらの論考に刺激されていろいろな可能性を考えてみた。その結果、次のように考えると、天気輪を説明できる可能性があることが分かった。

天気輪＝山の上で賢治が見た夜空の発光現象の一種

実際のところ、銀河ステーションは賢治がどかどかと寝そべった山の上にある。その山の

上に天気輪が見えると思えばよい。夜空は時には怪しく光っているのだ。

三角標の謎

さて、天気輪の正体を考えるだけでも大変だが、まだ謎の言葉がある。再び、以下の文章に戻ってみることにしよう。

> そしてジョバンニはすぐうしろの天気輪の柱がいつかぼんやりした三角標の形になって、しばらく蛍のやうに、ぺかぺか消えたりともったりしてゐるのを見ました。それはだんだんはっきりして、たうたうりんとうごかないやうになり、濃い鋼青のそらの野原にたちました。いま新らしく灼いたばかりの青い鋼の板のやうな、そらの野原に、まっすぐにすきっと立ったのです。（134-135頁）

天気輪の柱のあとに、今度は〝三角標〟という言葉が出てくる。三角点なら聞いたことがあるが、三角標は初耳である。ということで、この言葉についてはさまざまな論考がなされてきている。結論からいえば、

三角標＝星

であると考えてよい。例えば、次の本が参考になるだろう。『「銀河鉄道の夜」物語としての構造　宮沢賢治の聖性と魔性』（斎藤純著、洋々社、１９９４年）および『「銀河鉄道の夜」フィールド・ノート』（寺門和夫著、青土社、２０１３年）。

三角標は地形の測量に基準点として用いられる三角点の場所を示すための櫓のような構造を意味している。一般には測標とか三角覘標《てんぴょう》と呼ばれているものだ（図２‐10）。今では見かけることはないが、賢治の時代は測量が盛んに行われていたので、山歩きの好きな賢治の目には馴染みのあるものだったのだろう。実際、賢治の歌稿に次のような歌がある。

図２‐10　国土地理院の中庭にある三角標。

雲くらく東に畳み

岩山の
三角標も見えわかかぬなり（第一巻　１０３頁）

寺門和夫の調査によれば、花巻周辺での測量は明治四十年（１９０７年）に行われていた。賢治が11歳。元気に野山を駆け回っていた頃だろう。このことから、寺門は賢治が三角標を実際に目にしていたと推察している。

さて、三角標という言葉だが、賢治の造語ではない。陸軍省参謀本部の資料に三角標という言葉が出ているからだ。明治二十年（１８８７年）から数年の間だけだったようだが、実際に使われていたのだ。[*36] 賢治が生まれた頃には使われなくなっていたが、日常会話の中にはまだ残っていたのかもしれない。なぜなら、三角標という言葉は単純であり、三角点と結びつければ覚えやすいからだ。

しかし、それだけの理由で賢治が『銀河鉄道の夜』で三角標を星の意味で多用したとは思えない。他にも何か理由があるはずだ。それは三角標の真下にある三角点に関係していると考えられている。三角点には、じつは等級が付されているのだ（表２‐１）。まるで星の等級のようだ。

等 級	設置間隔（km）	点 数	柱石の一辺の大きさ（cm）
1	40	約1000	18
2	8	約5000	15
3	4	約32000	15
4	2	約69000	12
5		全国で2ヶ所*	?

＊もともと海中にある岩礁などを対象にしていたため、点数は少ない。

表2-1　三角点の等級

このことから賢治は敢えて『銀河鉄道の夜』の中では星という言葉を使わず、三角標という言葉を星の代わりに使ったのではないかと推察されている。そう考えれば随所に出てくる三角標の謎が解けるというわけだ。

したがって、

天気輪の柱がいつかぼんやりした三角標の形になって（134頁）

この一文は、山上から一気に天上に駆け上り、銀河鉄道に乗り込んだ状況を表しているのだ。これも斎藤純[*37]（163-170頁）や寺門和夫（28-31頁）が既に指摘している。

星と三角標

三角標の位置づけを確認するために、『銀河鉄道の夜』の

節	星	三角標
一、	8	0
〔二、〕	0	0
三、	0	0
〔四、〕	1	0
〔五、〕	3	0
〔六、〕	0	4
〔七、〕	0	0
〔八、〕	0	0
〔九、〕	3	7
合計	15	11

表2-2『銀河鉄道の夜』における星と三角標の出現頻度

中で、星と三角標がどのように用いられているかを調べてみよう。

『銀河鉄道の夜』は九つの節で構成されているが、各節で星と三角標という言葉が何回出てくるかを調べた結果を表2-2に示す。

この表を見ると二つの言葉は見事に使い分けられていることが分かる。つまり、

星　：最初の五節で用いられている
三角標：六節以降で用いられている

ということである。第九節で星が三回出てくるが、これは〃双子のお星さま〃という言葉で用いられているので、特例である。ここで、〃双子の三角標さま〃とは言えないだろう。

要するに、星という言葉は午后の授業で先生が「天の川を構成しているものは星ですよ」、という解説の場面で主として出てきている。ここは科学的な解説なので星という言葉を使うしかないだろう。

一方、ジョバンニが銀河鉄道に乗り込み、天の川の中を走り出した途端、星という言葉は消え、その代わりに三角標という言葉が使われだすのである。明るい星は天の川の中を旅するときに、よい目印になる。賢治が山野を駆け巡るとき、三角標を目印にしていた。つまり、目印としての星であり、三角標なのだ。

『銀河鉄道の夜』における星と三角標の使い分け。これは見事としかいいようがない。

光る夜

夜空でぼうっと光るもの。それは天の川である。『銀河鉄道の夜』の大切なモチーフだ。しかし、夜空でぼうっと光るものは天の川だけではない。夜空では発光現象が観測されることがある。そこで、〃光る夜〃、つまり夜空の発光現象についてまとめておくことにしよう。天気輪の正体を特定するのは、そのあとのことだ。

夜空の発光現象といえば、まずオーロラのことが頭に浮かぶ。しかし、それだけではない。

そこで、夜空で発光しているように見える現象をざっと分類すると以下のようになる。

・オーロラ：極地方で見られる、いわゆるオーロラ
・赤気《せっき》：オーロラの一種だが、極地方ではなく、日本などの低緯度地方で見られる赤い色のオーロラ
・夜光《やこう》：地球大気に含まれる分子、原子、およびイオンが発光する現象
・黄道光と対日照《たいにちしょう》：太陽系内に含まれるダストが太陽の光を反射して見える現象
・ダイヤモンド・ダスト（細氷）

最初の三つは地球の大気が発光する現象であるが、黄道光と対日照は地球の大気とは無関係の現象である。最後のダイヤモンド・ダストは気象現象である。まずは、順番にどういうものなのか、見ていくことにしよう。

オーロラ

まずは、オーロラだ。私はまだ見たことがない。しかし、オーロラは緑や赤やさまざまな

色のカーテン、帯、あるいは筋のような模様で夜空に揺らめき、幻想的な姿を見せることは誰でも知っているのではないだろうか（図2-11）。

オーロラは地上から眺めると、図2-11のように帯や筋のような構造として見える。しかし、その全体的な構造は〃環〃である（図2-12、148ページ）。

このような〃環〃としてのオーロラは、地球以外でも、磁場を持つ惑星である木星や土星で観測されている（図2-13、同）。また、大切なことは北極と南極の二つの極地方で同時にオーロラが観測されていることである。

図2-11　米国アラスカのフェアバンクスで撮影されたオーロラ。天気輪というよりは、“天気林”のように見える。

なぜ、このようなことが起こるのだろうか。また、なぜ〃環〃のような構造になるのだろうか。これらの疑問に答えるためには、まず、オーロラがなぜ光るかを理解しなければならない。

オーロラは上層大気にある分子、原子、およびイオン（電離した原子：酸素イオンなど）が発光して見えている。しかし、これらがあるだけでは光らない。これらが周辺の電子と衝突して、エネルギーの高い準位に遷移し、その後、またエネルギーの低い準位に遷移するときに、そのエネルギー差に相当するエネルギーを持つ電磁波を放射する。これが分子、原子、およびイオンの発光する原理である。したがって、オーロラが明るく見えるためには、例えばイオンと電子が頻繁に衝突するような環境が必要になる。イオンや電子を含むガスはプラズマ（電離ガス）と呼ばれるが、結局のところプラズマでできたガス雲同士が

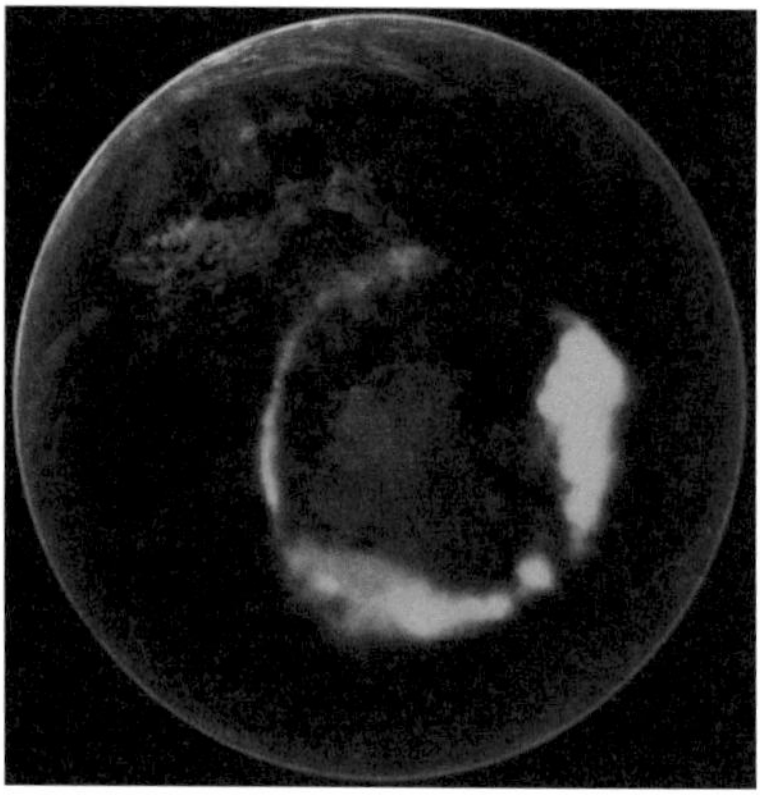

図 2 - 12　南極地方で観測されたオーロラ。

図 2 - 13　木星で観測されたオーロラ。北極と南極の二つのエリアで発生していることが分かる。

激しく衝突するようなことが起こればよい。

その手助けをするのが、地球磁気圏にある磁場である。プラズマは磁力線に沿って流れるので、その流れの勢いを増すような出来事が起こればよいことになる。地球磁気圏は孤立したシステムではない。絶えず太陽風（高速のプラズマ流）にさらされており、太陽の活動性が高まれば、途端にその影響を受ける。実際、地球磁気圏は太陽風の影響で磁力線が背後にたなびくような構造をしている（図２‐14、１５０ページ）。

たなびいた結果、地球の背後で磁力線が交わる場所ができる。そこでは、もともと磁力線の向きは反対なので、反平行磁場が形成されている。この状態は安定ではないので、磁場は磁力線をつなぎ替えて、よりエネルギーの低い安定状態に移行しようとする。この現象を〝磁気再結合〟と呼ぶ。磁場の持つエネルギーが低くなったということは、別な形でエネルギーを放出することになる。それがプラズマの激しい放出として実現されるのだ（図２‐15、同）。

では、磁気再結合で激しい勢いで放出されたプラズマはどうなるのだろうか。その様子を図２‐16（１５１ページ）に示した。磁気再結合で勢いよく放出されたプラズマの一部は地球に向かって飛んでくる。それが両極方向へ流れ込み、地球の上層大気と激しく衝突する。

図 2 - 14　地球磁気圏と太陽風が相互作用する様子。地球磁気圏は太陽風の影響で磁力線が地球の背後にたなびくように分布している。

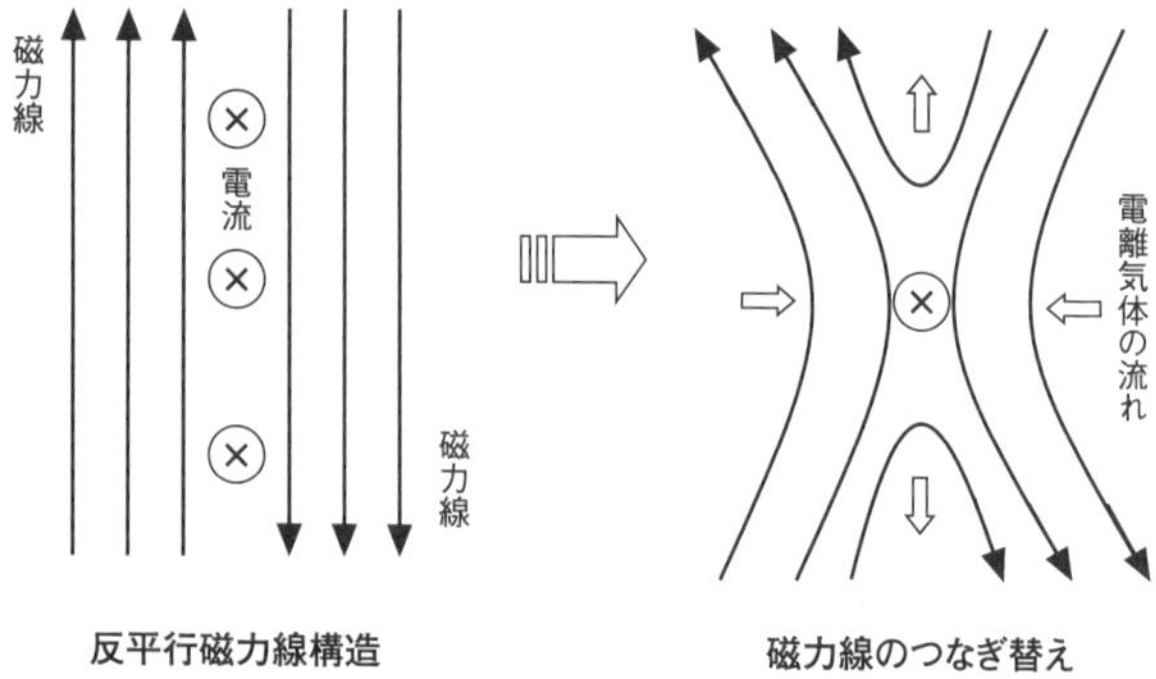

図 2 - 15　磁気再結合の概念図。○印で囲まれた×印は電流の向きを表す記号である。この場合、電流は紙面に垂直で、紙面の向こう側に向かって流れている。ちなみに、こちらに向かって流れている場合は×印が中点［・］になる（記号としては ◉ を用いる)。

上層大気にあった分子、原子、イオンはこの衝突でエネルギーをもらい、エネルギーの高い準位に遷移する。その後、また元のエネルギーの低い準位に遷移するが、そのとき、そのエネルギー差に相当するエネルギーを持った光子を放射する。これがオーロラとして観測されるのだ。

　オーロラの色は発光する分子、原子、イオンの種類および遷移によって異なる。また、地

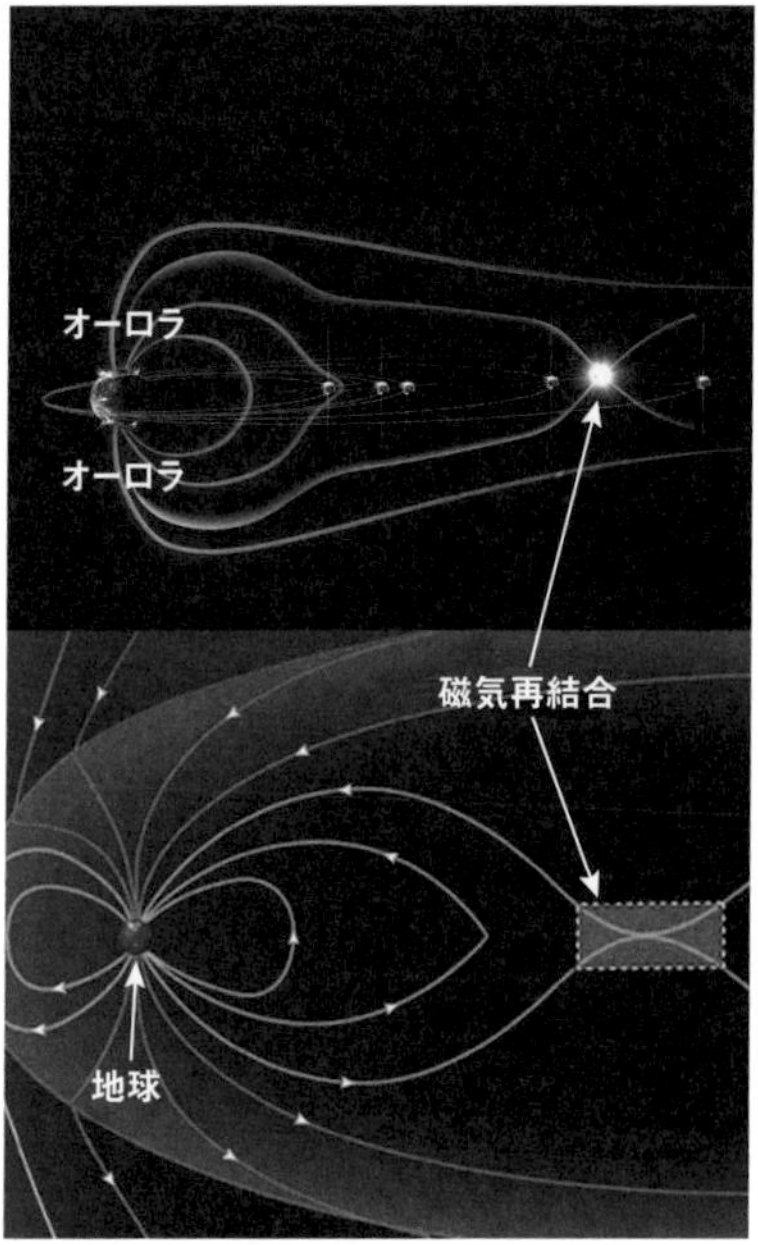

図２‐16　地球の外側で磁力線のつなぎ替え（磁気再結合）が起こり、プラズマの塊が地球方向と地球の反対方向に放出される。地球方向に放出されたプラズマは北極と南極方向に流れ、地球大気の上層部に衝突し、そこにある分子や原子を励起し、その後、発光現象（オーロラ）が発生する。なお、上図にある５個の物体は地球磁気圏観測衛星THEMISである。©NASA nm=ナノメートル=10^{-9}メートル

高度	発光源（主なもの）	発光波長（色）
数百km	窒素分子、窒素原子	391.4nm*, 427.8nm*(青), 501.4nm(緑), 646.9nm – 687.5nm(赤)
150 – 200km	酸素原子	630.0nm, 636.4nm(赤)
100 – 150km	酸素原子	557.7nm(緑)
90 – 100km	窒素原子	< 585.4nm(青から緑)

＊窒素分子イオンの輝線（地球に入射してくる電子が窒素分子に衝突してイオン化される）

表2-3　オーロラの発光場所と色*[38]

球の上層大気の性質は高度によっても異なる。したがって、オーロラの発光は高度や発光源によってバラエティが出る（表2-3）。上層大気はさまざまな擾乱《じょうらん》を受けているので、高度が同じでも分子や原子の分布や密度は時間変化する。そのため、多種多様なオーロラの姿を楽しむことができる。

さて、先に紹介した『宮沢賢治とその展開――氷窒素の世界』（斎藤文一著、1976年、国文社）の副題に〝氷窒素〟という言葉が使われている。斎藤文一が賢治とオーロラの関係を指摘した根拠になっているのが、この言葉である。

表2-3にあるように、高度数百キロメートルの大気中では窒素分子が主たる発光源になっている。賢治は『春と修羅』の序文で氷窒素という言葉を使っている。

みんなは二千年ぐらゐ前には
青ぞらいつぱいの無色な孔雀が居たとおもひ
新進の大学士たちは気圏のいちばんの上層
きらびやかな氷窒素のあたりから
すてきな化石を発掘したり
あるひは白堊紀砂岩の層面に
透明な人類の巨大な足跡を
発見するかもしれません

（第二巻『春と修羅』「序」、９‐10頁）

つまり、賢治は地球大気の上層部には氷窒素があると思っていたのである。この『春と修羅』が書かれたのは大正十一年のことだ。大正十一年といえば１９２２年だが、当時はオーロラがなぜ光るか分かっていなかった。斎藤文一によれば、オーロラの発光源として大気上層部の窒素分子であることが指摘されたのが１９２４年である（ただし、分子や原子の発光現象の正しい理解には量子力学が必要であり、当時はまだ発展していなかったので、不正確な説ではあった）。それ以前に、賢治がそれを見抜いていたのだろうか。斎藤文一でなくても驚くべきことである。

ただ、賢治は清らかな目で自然現象を眺め、論理的に物事を考える人だ。そういう彼なら氷窒素という概念に到達することは可能だったのかもしれない。つまり、こういう考え方をすればよい。

・地球の大気の主成分は窒素である（約8割）
・オーロラは大気上層部が光っている
・高度が高い場所ほど気温は低い
・ならば、窒素は凍っているのではないか

普通の人には思い浮かばないアイデアかもしれない。しかし、賢治には可能だった。そういうことだろうか。

ただ、賢治は図2‐11（１４７ページ）に示したような美しいオーロラは見ていない。また、地球の外からオーロラを見ると〝環〟のように見えることも知らなかっただろう（図2

図２‐17　タスマニアで撮影された赤気。左に南天の天の川が見え、石炭袋もはっきりと見えている。上には大小マゼラン雲。美しい光景である。（撮影：畑英利）

‐12、１４８ページ）。したがって、オーロラを天気輪と結びつけることには無理がある。

赤気

さて、次は赤気である。オーロラの一種だが、低緯度地方で見られる、赤くて淡いオーロラである（図２‐17）。

国内での観測の記録は、なんと『日本書紀』まで遡《さかのぼ》ることができる。推古天皇の時代、６２０年12月30日に観測されている。

「天に赤気があり、その形は雉《きじ》の尾に似ていた。」次は１２０４年２月21日。藤原定家の『明月記』で記されている。「北の空から赤気が迫ってきた。その中に白い箇所が5個ほどあり、筋も見られる。恐ろしいことだ。」（以上はWikipediaから引用した：https://ja.wikipedia.org/wiki/オーロラ）

先にも述べたが、賢治の生きていた時代では、１９０９年９月25日から26日にかけて、日本で低緯度オーロラが見えたとの記録が残っている。賢治が見たかどうかは分からないが、彼の記憶の奥底には残っていたのかもしれない。しかし、直接見ていないのであれば、赤気は天気輪とは無関係だろう。

赤気の発光源は表２-３（１５２ページ）にあるように酸素原子である。電離していない中性の酸素原子だが、可視光帯には６３０・０ナノメートルと６３６・４ナノメートルの二重線として輝線を放射する。これは禁制線と呼ばれる輝線だが、量子力学が発展してようやく理解されたものである。

夜光

夜光（大気光）は地球の大気に含まれる分子、原子、そしてイオンが発光する現象だが、非常に淡い光である。現在では街の灯りが明るすぎて、夜光の存在に気がつく人はいないだろう。かりに街灯りの暗いところに行っても、見ることは難しい。しかし、今から百年前。つまり、賢治の生きていた時代、花巻周辺の山に行けば、見ることができたかもしれない。賢治は夜の山歩きが大好きだったから、見た可能性は高い。

　私のような天文学者は、見えるか見えないかにかかわらず、夜光のことは意識する。私の専門は遥《はる》か１００億光年彼方の生まれたてに近い銀河の探査である。天の川銀河に比べれば、あまりにも小さく暗い銀河である。それらを見つけて、性質を調べるのは難しい。見かけの明るさがあまりにも暗いからである。肉眼で見える星の明るさは6等星である。私の研究している生まれたての銀河は、その数億倍も暗い。生まれたての銀河を調べるとき、夜光は邪魔物以外の何物でもない。

　では、夜光の正体は何だろう。地球の大気にはさまざまな原子、イオン、分子などがある。大気が可視光帯（波長４００ナノメートルから１０００ナノメートル［＝１マイクロメートル］）で発光するのは、おもに水酸基（ＯＨ）分子である。その様子を図２‐18（１５８ページ）に示す。この図に示されているのは、波長範囲で６００ナノメートルから１０００ナノメートルまでのスペクトルである。

　ご覧になると分かるように、水酸基分子の放射は波長が７００ナノメートルを超えたあた

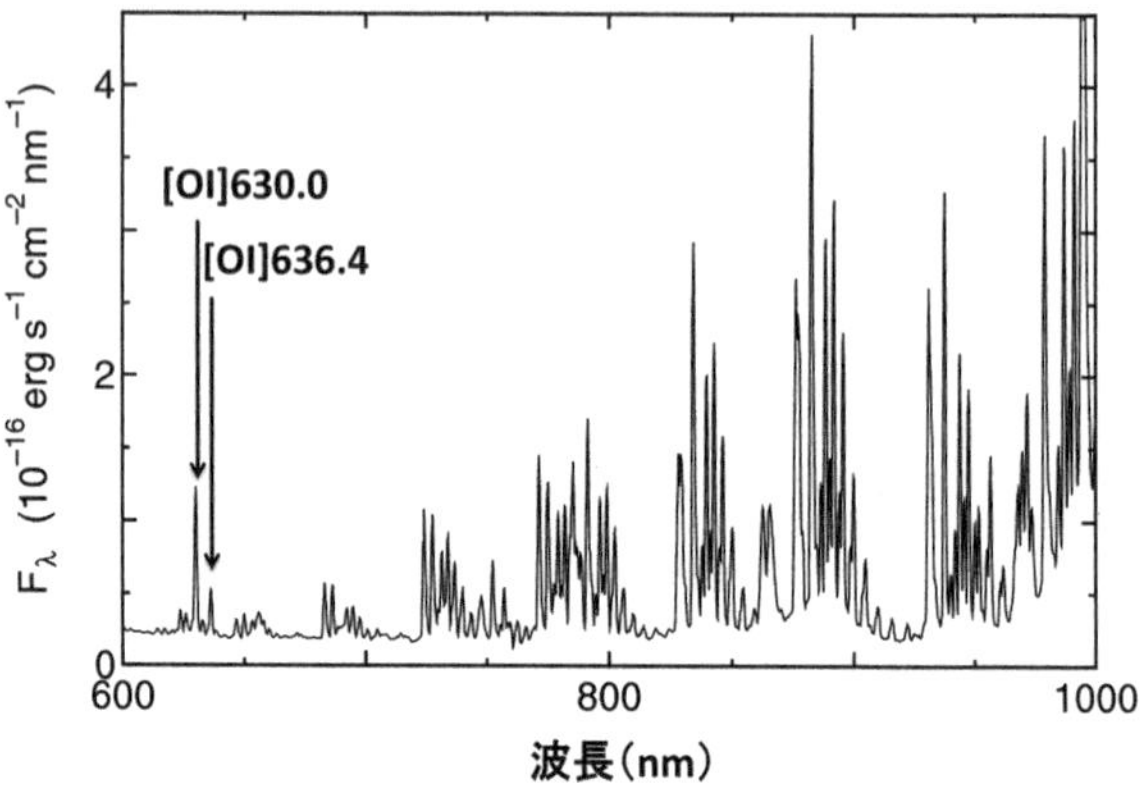

図2-18　地球大気の放射する夜光のスペクトル。縦軸は放射強度。米国ハワイ島のマウナケア山で撮影されたもの。酸素原子の放射する輝線[OI] 630.0（単位はナノメートル=10^{-9}m [nm]）と[OI] 636.4は図中の左に示した。図中に見える残りの輝線の大半は水酸基分子OHの放射する輝線である。なお、酸素原子の放射する輝線として、この図には示されていないが、もう一つ[OI] 557.7もある。その他に代表的な夜光輝線はナトリウム原子の放射するD線（589.0nmと589.6nm）がある。（Stockton, A. 1998）

りから強くなる。波長700ナノメートルの光は真っ赤に見える。つまり、もし夜光を見ることができるとすれば、夜空全体をかすかにおおう、真っ赤な光だということになる。構造はあまり見えないので天気輪の候補としては弱い。

ところで、夜光を見てみたくはないだろうか。じつは、夜光を捉えた美しい写真がある（図2-19）。あまりにも美しい。しかし、私たち天文学者はこの夜光と闘いながら100億光年彼方の生まれたての銀河を探し

図２-19　オーロラと夜光の競演。オーロラは右に見える緑の帯である。夜光は夜空全体にたなびくように見えている赤い帯状の構造である。（撮影：畑英利）

ていたのだと思うと、なんだか感無量になる。

　最後に、天気輪とは関係なさそうであるが、大気の発光現象について触れておこう。発光といっても、瞬間的なもので、雷というほうがよい（図２-20、１６０ページ）。最近ではスプライトがよく研究されている。スプライト（sprite）は妖精という意味だが、まさに上空１００キロメートルの高度で舞う、赤い妖精のように見える。ただし、見えている時間はわずか０・１秒間程度である。したがって、見ることは難しいが、その存在は18世紀から気づかれていたものである。ちなみに放電現象ではないかと推察されたのは１９２５年のことである。不思議なことに賢治の生きていた時代だった。

　なお、最近、謎の発光現象である〝スティーヴ〟が話題を集めている。この現象は賢治が生きていた時代には知られていなかった大気の発光現象なので、天気輪の柱とは関係はない。しかし、興味深い現象なので紹介しておこう。

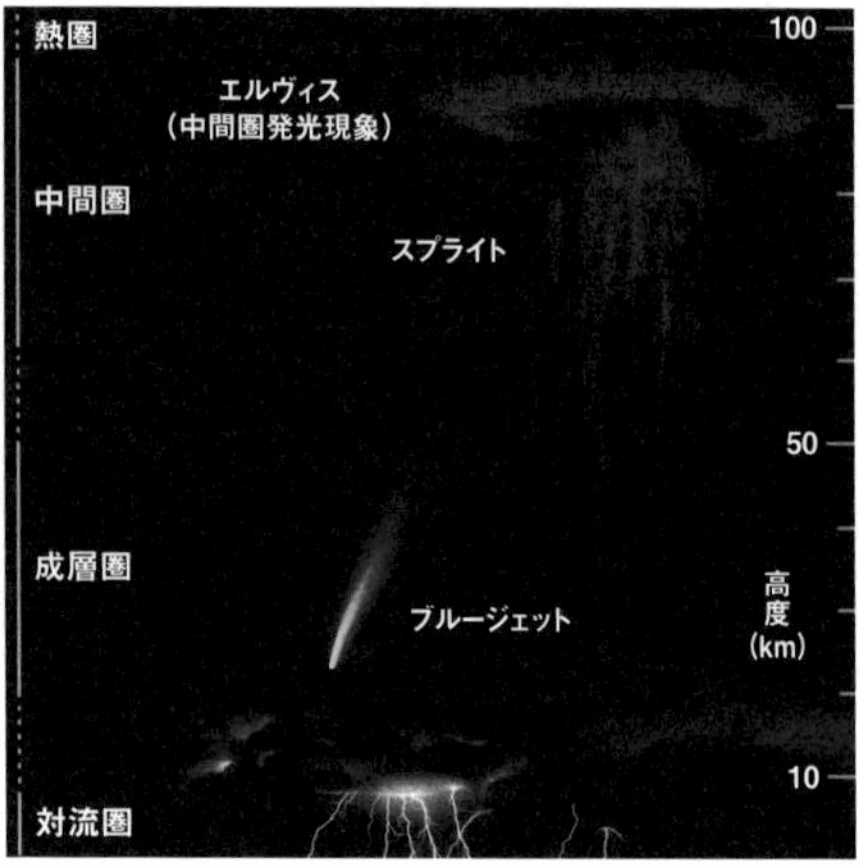

図2-20　さまざまな大気の発光（雷）現象。

STEVE

謎の発光現象である〝スティーヴ〟が先頃アラスカで撮影されて話題を集めた（2019年9月6日に出現）。最初にこの現象が発見されたのは2015年のことだ。カナダのアルバータ州でオーロラの観測をしていた人が見つけたものだ（図2-21）。発見された当初は、電子ではなく陽子の流れではないかと推察された。プロトン・アークという現象だ。しかし、この現象は可視光で観測されることはない。そのため、何か異なる未知のメカニズムで大気が発光していると考えられている。

ちなみに、スティーヴ（STEVE）という名称はＮＡＳＡによる命名で、Strong Thermal Emission Velocity Enhancement の略称である。一見するとオーロラのようだが、オーロラとは異なり、比較的低緯度地方でも観測されるという特徴がある。また、色や継続時間もオーロラとは異なる。

スティーヴの長さは数百キロメートルから数千キロメートルにも及ぶ。色は紫がメインであり、オーロラの緑とは異なる。継続時間は10分から1時間程度である。また観測される時期は、なぜか春から秋にかけてが多い。移動速度は速く、秒速数キロメートルにも及ぶ。高速のイオンの流れということになるが、温度は数千度にも達している。

図2-21　カナダのアルバータ州で2015年8月17日に撮影されたスティーヴ。撮影者はエルフィ・ホール氏。

図2-21を見ると、まさに天に屹《きつ》立《りつ》する柱のようである。天気輪の柱と言ってもよいぐらいだ。ただし、

スティーヴが観測され始めたのは、ここ数年のことであり、賢治の生きていた時代にはまだ知られていない発光現象である。そのため、天気輪の柱の候補にはならない。

黄道光と対日照

最後は黄道光と対日照である。黄道は地球から太陽を眺めたときに、太陽が天球面を移動していく道筋である。[*39] 一方、太陽から太陽系全体を眺めれば、黄道を含む面、つまり黄道面に地球などの惑星が分布していることになる。

黄道面は惑星が生まれた原始惑星系円盤があった面ともいえる。そのため、黄道面には今でも惑星にならなかったダストが浮遊している。また、ときおり訪れる彗星もダストを撒《ま》き散らしていく。したがって、黄道面の主たる成分は惑星を除けばダストである。ダストは太陽の光を反射する。そのため、黄道面はダストの反射光でその存在を見ることができる。それこそが黄道光である（図2-22）。

太陽系の黄道面の中で、ダストは一様に分布しているわけではない。太陽の重力に引かれて、太陽に近い領域にダストがたくさんあるので、黄道光は見かけ上、太陽に近いところで明るく見える。そのため、黄道光は夕方あるいは明け方の薄明のときのほうがよく見える。

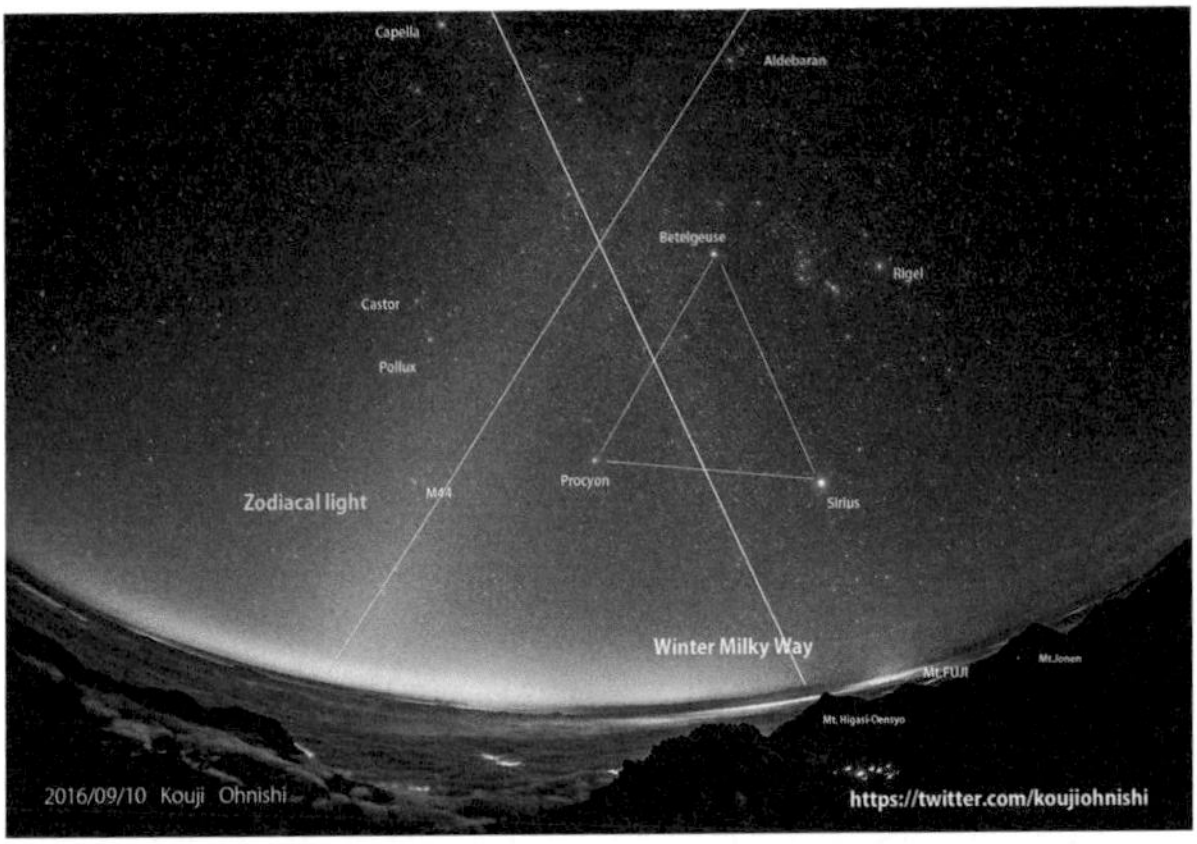

図２-22　明け方の空に見える黄道光（図中のZodiacal light）と冬の天の川（図中のWinter Milky Way）。黄道光の方が冬の天の川に比べて輝度が高いことが分かる。中央やや右に示した三角形は“冬の大三角”：（上）オリオン座α星ベテルギウス、（左下）こいぬ座α星プロキオン、（右下）おおいぬ座α星シリウス。
（撮影：大西浩次）

図２-22に示したように、黄道光は冬の天の川より明るく見える。空の綺麗なところであれば、十分に肉眼で見ることができる。おそらく、賢治も何回も見たのではないだろうか。当時の花巻の夜空はすきとほっていたはずだからだ。

しかし、一つ注意しておくことがある。黄道光は真夜中には見えないことだ。ところが真夜中に見える黄道光がある。それが対《たい》日《にち》照《しょう》と呼ばれるものだ（図２-23、164ページ）。

太陽と反対の方向に見えるので、真夜中に見える。これも黄道面に

図2-23　南米チリ共和国にあるヨーロッパ南天天文台VLTのサイトで撮影された対日照。

あるダストの反射光である。太陽から見て地球より遠方にあるダストの反射光である。正面反射光になるので、反射率が高いために見える。とはいえ、ダストの存在量そのものは少ないので普通の黄道光に比べるとかなり暗い。

黄道光と対日照が見える原理を図２‐24に示した。いずれも黄道面にあるダストが太陽光を反射して見えているが、見ている領域が異なる。両者の性質の比較を表２‐４に示したので確認してほしい。

ところで、黄道光と対日照の色はどのような色なのだろう。いずれもダストが太陽光を反射しているだけである。もし、ダストの反射率に波長の依存性がなく、太陽光をそのまま反射しているのであれば、色は太陽の色と同じである。

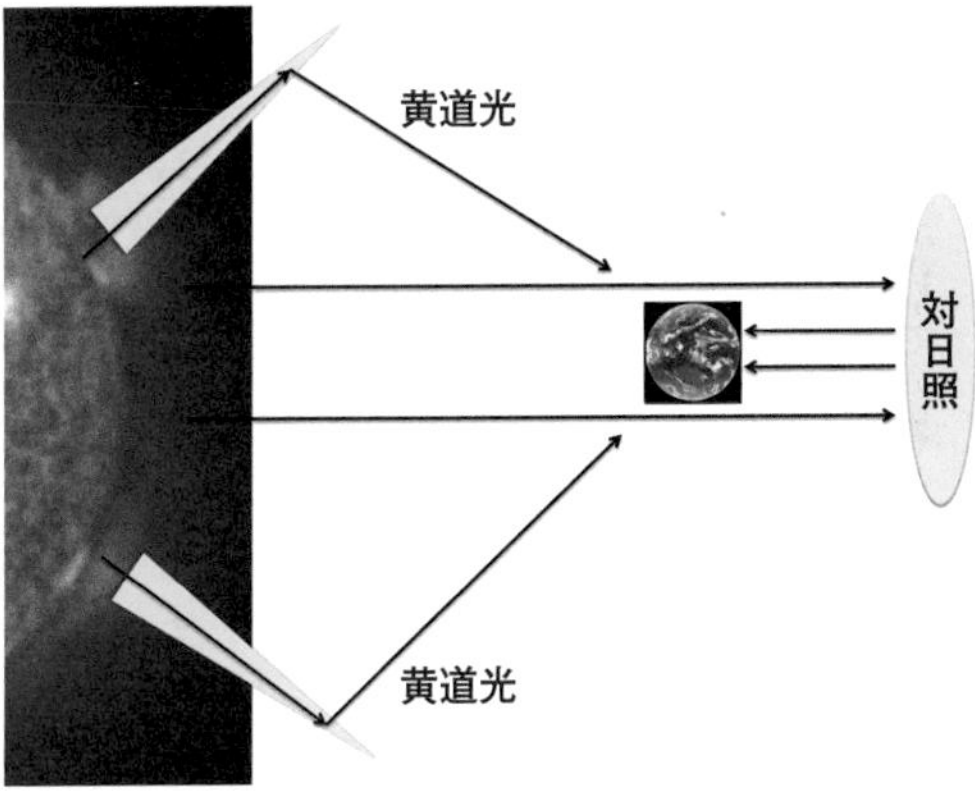

図２-24　黄道光と対日照。それぞれ黄道面にあるダスト（黄色で示したところにある）が太陽光を反射して見えている（太陽は左側にある）。簡略化のためにダストの分布を黄色い部分で示したが、実際にはダストは黄道面全体に広がっていて、太陽に近いほど密度が高いことに注意。また、太陽光のダストによる反射を示す補助線はそれぞれ一本しか描いていないが、多数のダストによる反射光として黄道光や対日照が見えることにも注意されたい。

	ダストの場所	見える時間帯	輝　度
黄道光	見かけ上、太陽に近い方向	日没後 夜明け前	冬の天の川より明るい
対日照	地球より外側の黄道面で、太陽の反対側	真夜中	かなり暗い

表２-４　黄道光と対日照の比較

しかし、一般にはダストの反射率（アルベド［albedo］と呼ばれる）はダスト表面の組成によっては波長依存性が出る。ただ、図２‐22（１６３ページ）と図２‐23（１６４ページ）を見ると、黄道光や対日照の色は天の川や大多数の星々と明確に変わっては見えない。したがって、おおむね太陽光と同じような色をしていると考えてよい。

柳沢での奇妙な体験

斎藤文一が指摘しているように、賢治は夜の山歩きが好きだった。１９１７年の10月。賢治はそれまでにない神秘的な経験を岩手山の登山でしている。その経験談は初期短編綴の一つである『柳沢』で語られている。

　何時かな。もう二時半だ。少しおくれた。いや、丁度いゝ。寒い。

……

（……そして　そうら、裾野と山が開けたぞ。はてな、山のてっぺんが何だか白光するやうだ。何か非常にもの凄い。雲かもしれない。おい、たいまつを一寸うしろへかくして見ろ。ホウ、雪だ、雪だ。雪だよ。雪が降ったのだ。やっぱりさっき雨が来たのだ。

夢で見たのだ。雪だよ。）

空気はいまはすきとほり小さな鋭いかけらでできてゐる。その小さな小さなかけらが互にひどくぶっつかり合ひ、この燐光をつくるのだ。

オリオンその他の星座が送るほのあかり、中にすっくと雪をいたゞく山王が立ち黒い大地をひきゐながら今涯もない空気を静にめぐり過ぎるのだ。さあみんな、祈るのだぞ、まっすぐに立て。

……（第十二巻　２５４－２５５頁）

冬の花巻、岩手県で雪は珍しくない。賢治が雪を見て、これだけの感動を覚えるのは、やはり何か特別なことがあったのだと思う。このことは斎藤文一も指摘しているが、雪以外に〝光る夜〟が幻想的な光景をもたらした可能性が高い。

ちなみに斎藤文一が『宮沢賢治と銀河体験』（１９８０年、国文社）で考察した候補は夜光（超高層大気光、airglow）、黄道光、そして星野光《せいやこう》の三つである（同書、１３０－１４２頁参照）。星野光も候補の一つだが、星々の光である。その夜だけ、特別明るく輝くことはない（表２

‐５〈１７０ページ〉を参照）。

ダイヤモンド・ダスト

もう一つの可能性は〝ダイヤモンド・ダスト（細氷）〟現象である。空気中の水分が凍り、それが灯りに照らし出されてキラキラ輝いて見える現象である。ただし、気温がマイナス10℃以下という条件がある。

先ほどの『柳沢』の中に次の一文があった。

　やっぱりさっき雨が来たのだ。（第十二巻、２５５頁）

つまり、その夜には雨があり、湿度は十分高かった。おまけに雪になっているので、はたして気温がマイナス10℃以下だったかどうかは不明だが、気温は低かっただろう。

私は高校時代まで北海道の旭川で大半を過ごした。高校に通うとき石狩川に架かる橋をわたるのだが、極寒（マイナス20℃からマイナス30℃）の朝、何度もダイヤモンド・ダストを見た。

ただ、ダイヤモンド・ダストが綺麗に見えるには、空気中の水分が凍るだけではだめで、照らし出す灯り（光源）が必要である。日中は太陽光があるので問題ない。夜ならば、月が必要である。金星も可能性はある。しかし、月が出ていた様子はないし、真夜中の2時半では金星は出ていない。というわけで、可能性はあるものの、ダイヤモンド・ダスト説には難がある。

　星野光でダイヤモンド・ダストが見える可能性はゼロではない。ちなみに、天体の光で物の影ができるのは太陽、月、そして金星だけである。金星の最大光度はマイナス4・9等である（『理科年表』〈丸善出版〉太陽、惑星および月定数表を参照）。1等星と比べると、5・9等も明るい。1等級で明るさは約2・5倍異なるので、金星は最大光度のとき、1等星の$2.5^{5.9}$＝223倍も明るい。つまり、金星の明るさを実現するには1等星が223個も必要になるのだ。全天にある1等星の個数はたかだか20個である。肉眼で見える星（6等星より明るい星）は約6000個だが、一度に見えるのはその半分なので、約3000個である。これらの星々の光を足し合わせても、とても金星にはかなわない。

　表2-5（170ページ）に大気光（夜光）、黄道光、そして星野光の輝度の比較を示した。星野光は大気光に比べると明るいが、黄道光程度の輝度しかない。このことから、星野光でダイヤモンド・ダストを見るのはやはり難しそうだ。

成分光	S_{10}(vis)
大気光	55
黄道光	135
星野光	130

註：大気光は連続光成分のみ
S10(vis) = 1.20×10-9 erg cm-2 s-1 sr-1 Å-1
ここでsrは立体角の単位で、ステラジアンである
（『理科年表』平成29年版、天87 [163頁]）

表2-5　大気光（夜光）、黄道光、および星野光の輝度の比較。各成分共に天頂平均輝度であり、波長は可視光（visual）の5300Åである。

だが、なんとなく後ろ髪が引かれる思いがする。なぜなら、次の一文が気になるからだ。

空気はいまはすきとほり小さな鋭いかけらでできてゐる。その小さな小さなかけらが互にひどくぶつつかり合ひ、この燐光をつくるのだ。（第十二巻　255頁）

もう一つ言及しておいたほうがよいのは、『春と修羅』の中にある〝イーハトブの氷霧〟だろうか。

けさはじつにはじめての凜々しい氷霧《ひやうむ》だつたから
みんなはまるめろやなにかまで出して歓迎した（第二巻　427頁）

たった二行の心象スケッチだ。氷霧はダイヤモンド・ダストとは異なる気象現象で、霧の

水滴が凍って大気中に浮かんでいるものだ。北上川の川霧が凍ったのかもしれない。ただし、柳沢の夜から六年も経過しているので、独立事象である。

ところで、〝イーハトブの氷霧〟のあとに出てくる心象スケッチのタイトルは〝冬と銀河ステーション〟である。三十一行の短いものだが、『銀河鉄道の夜』の冬バージョンともいえる。銀河ステーションには冬も似合うということだ。

いずれにしても、柳沢の夜、気温がマイナス10℃以下だったことを確認したほうがよいかもしれない。

太陽柱

ダイヤモンド・ダストと同様に、空気中の氷の影響で見える柱状の構造がある。それは太陽柱（サン・ピラー）と呼ばれるものだ（図２-25、１７２ページ）。雲の中の水分が凍りつき、六角板のような氷晶ができることがある。それらが太陽の光を反射して柱のように見えるものだ。

ただし、この太陽柱は、名前に太陽が付いているように、太陽の光がないと見えない。また、太陽の光を反射して私たちの目に見える構造なので、太陽は地平線近くにないといけな

図2-25　大阪で観測された太陽柱の例。

い。そのため、観測されるのは日没や日の出の時間帯になる。つまり、真夜中には見えない。
色は、夕焼けや朝焼けでなければ、太陽光を反射するだけなので、白っぽく見えることもある。しかし、問題はその構造だ。〝輪〟ではなく〝柱〟なのだ。第五節で似たような現象として、幻日環の話をしたが、こちらは〝輪〟をイメージさせるので紹介したものだ。太陽柱は天気輪の候補としては弱いだろう[*40*41]。

単なる雪なのか……

もちろん、単なる雪なのかもしれない。『柳沢』に次の一文があるからだ。

ホウ、雪だ、雪だ。雪だよ。（第十二巻　255頁）

これを素直に受け止めれば、雪でいいのだろう。
じつは、柳沢での体験は賢治の出した保阪嘉内への手紙でも見ることができる。

低く低くうすしろい雲が裾野にひくく平らかにかゝり、その上で夜中かみなりが鳴ってゐました。裾野を四時頃行けばもはや空ははれわたり星が満天にひかってゐましたが、さらにあやしいのは山がしろびかりしてどうも雪が降ったらしいことです。ひとみをさだめてよく見るとたしかに雪にちがいなく私共は躍ったりはねたりして進みましたがいつか道をまちがいて丁度山の北東の方へまわってゐました。

（第十五巻　手紙番号＝94、１１２－１１３頁）

最後に賢治の詠んだ短歌を一首。

岩手やまあらたに置けるしらゆきは
星のあかりにうす光るかも（第一巻　短歌番号＝６１７、81頁）

なかなか悩ましいところだ。単に雪を見ただけだったのだろうか。

天気輪の正体

さて、光る夜ということで、いくつかの候補をあげて考えてみた。

・オーロラ
・赤気
・夜光
・黄道光
・対日照
・ダイヤモンド・ダスト
・太陽柱
・雪

赤気と夜光については、色のことを考えると、可能性はまずない。賢治のいう天気輪の色は、イメージとしては〝白〟だからだ。[*42] そもそも、夜光は極めて淡いので、肉眼で見ることは難しい。

また、色という意味では、オーロラも除外してよいだろう。オーロラの典型的な色は、いわゆるオーロラ・グリーンだからだ（図２-11〈１４７ページ〉、図２-12〈１４８ページ〉）。しかも、オーロラは動く。じっとしていない。つまり、山の上に立っているようには見えない。もし、『柳沢』に書かれている登山での体験が元になっているなら、黄道光と太陽柱は除外できる。両者が見えやすいのは、日没後か、日の出前になるからだ。真夜中には見えない。

以上のことから、残る候補は次の三つになる。

・対日照
・ダイヤモンド・ダスト
・雪

一番自然な解釈は単なる雪景色なのかもしれない。しかし、なんだか気になる。賢治は何度も山の雪景色は見ているだろう。なぜ、柳沢の雪は特別だったのだろうか。なぜ、いつもの見慣れた雪と違ったのだろう。雪が答えだとしても、それを解明する必要があるだろう。ダイヤモンド・ダストはそれを説明しうる、変化球的な解釈になる可能性はある。

時刻は二時半。真夜中である。では、賢治たちが見たのはなんだったのだろう。雪のように見えるが、雪ではない。そして、賢治がそれまでに見ていないもの。その可能性があるとしたら、対日照だと考えられる。

夜光は極めて淡く、赤い色をしている。見えたとしても、賢治の見た光景とは合致しない。対日照なら肉眼で見ることができるし、色も白っぽい。

深夜の山の上にほのかに輝く対日照。神々しく見えたであろう。実際、賢治たちは祈りを捧《ささ》げたのである。かくして、私が得た結論は、

天気輪＝深夜の山の上にほのかに輝く対日照

である。

先にも述べた、斎藤文一の提案である、〃天気輪＝光る雲の円錐体〃というアイデア（『宮沢賢治――四次元論の展開』国文社、1991年、72頁）と、質的には似ている。考察の出発

点は異なるものの、得られた答えが似通っているのは面白い。

だが、注意が必要である。この推論では、次の二つのステップが絡んでいるからだ。

・賢治は柳沢で何を見たのか？

・そこでの体験が『銀河鉄道の夜』に出てくる〝天気輪〟と関係しているのか？

残念ながら、答えは誰も知らない。そもそも、『銀河鉄道の夜』は夏祭りの季節の話だ。寒い柳沢での夜の体験と結びつけてよいかという問題があることに注意する必要があるだろう。

さて、第五節も含めて、自然現象としての天気輪の候補となったものを表２-６（178ページ）にまとめておこう。出てきた順番ではなく、存在する場所で分類しておいた。結構たくさんあり、驚く。皆さんはどれが好みだろうか。

本当の答えは賢治に訊かなければ分からない。私のアイデアがよいのか。斎藤のアイデアがよいのか。また、まったく違う答えがあるのかもしれない。[*43]

しかし、私はあまり拘泥《こうでい》しない。なぜなら、本書で挑戦していることは、賢治の『銀河鉄

候補	存在場所	形状	色	時間帯	季節	柳沢[b]
紫微宮[1]	天の川	星座	星の色	夜	春から秋	
星雲	天の川	環状[c]	青、緑、赤	夜	春から秋	
黄道光	太陽系[d]	舌状	白	日没・夜明け	いつでも	
対日照	太陽系[d]	円・楕円	白	真夜中	いつでも	
オーロラ[2]	上層大気	帯状	青、緑、赤	夜	いつでも	
赤気	上層大気	帯状・舌状	赤	夜	いつでも	
夜光	上層大気	無構造		夜	いつでも	○
スプライト	上層大気	線状	白	夜	いつでも	
ダイヤモンド・ダスト	大気	もや状	白	日中	冬[e]	○
太陽柱	大気	線状	赤系	日没・夜明け	冬	○
幻日環	大気	線状	黄系	日中	冬	
雪	大気	結晶	白	いつでも	冬	○

[a] スティーヴは賢治の時代には観測されていなかったので、候補とはしていない。
[b] 柳沢での体験との関連性がある場合、○とした。
[c] 惑星状星雲M57（図2-31〈198ページ〉左下）
[d] ダスト反射光
[e] 氷点下10℃以下
[1] 中野美代子（【新】校本 宮澤賢治全集、第8巻「月報1」）。『銀河鉄道の夜』（角川文庫、1996年）にある大塚常樹氏による注釈を参照。
[2]『宮沢賢治とその展開 —— 氷窒素の世界』斎藤文一 著、国文社、1976年

表2-6　自然現象としての天気輪の候補[a]

道の夜』で語られている天文学に関わりそうな事柄の謎を解こうとしているだけだからだ。その謎の答えは、そもそも賢治しか知らない。私が勝手に、ただ考えているだけなのだ。私が思うのは、楽しい謎を残してくれた賢治に感謝することだけだ。

銀河ステーション

天気輪は駅のようなもので、駅ではないと言った。しかし、やはり駅を暗示するものであるとしてもよいのかもしれない。なぜなら、この節の冒頭の天気輪の話の直後の文章を見るとそう感じる。

銀河鉄道に乗るとき、ジョバンニは町を離れ、山のほうへ上がっていった。そのとき、賢治はジョバンニに柳沢での奇妙な体験を転嫁したのではないだろうか。山の上には天気輪としての対日照が輝いている。その神々しい場所こそが、銀河鉄道の出発点、銀河ステーションであると考えれば整合的に理解できる。本書では、そう考えてみた。

そして、物語が動き始める。

するとどこかで、ふしぎな声が、銀河ステーション、銀河ステー〔ション〕と云ふ声が

したと思ふと……（１３５頁）

そして、物語はここで大きな飛躍を迎えることになる。

気がついてみると、さっきから、ごとごとごとごと、ジョバンニの乗ってゐる小さな列車が走りつづけてゐたのでした。ほんたうにジョバンニは、夜の軽便鉄道の、小さな黄いろの電燈のならんだ車室に、窓から外を見ながら座ってゐたのです。（１３５頁）

銀河ステーションという声が聞こえた。そのあとのプロセスは普通なら次のようになるだろう（今は、交通系ＩＣカードが使えるので切符を買うことはほとんどないが）。

駅に入る
切符を買う
改札を通る
列車のいる（あるいは、来る）ホームに向かう

　そして、停車していた（あるいは、やって来た）列車に乗り込む

これらのプロセスがすべてないままに、突然列車に乗ってしまっているのだ。

　　なぜジョバンニは銀河ステーションに立ち寄らなかったのか

まあ、いいじゃないかと、軽く流してもよいところなのかもしれない。

・賢治の気まぐれ
・推敲《すいこう》が間に合わなかった

まずは、これらの可能性があるからだ。しかし、天気輪の柱の謎もあり、少し引っかかるところではある。つまり、ジョバンニの身に何か起こったという可能性も残されているのではないだろうか。

なぜ、そう思うのか——。それは、まるで記憶が飛んだかのように思えることだ。あるいは、テレポーテーション（瞬間移動）も思いつく。さらに、時間差まで考えに入れると、タ

イムスリップもあり得る。

これだけオプションがあると迷う。ひょっとしたら、賢治からの挑戦状だろうか。まとめてみると、考えられる可能性は以下の六つだ。

・記憶が飛んだ
・テレポーテーション
・タイムスリップ
・ワープ
・スイングバイ
・時空の曲がりを利用する

ずいぶん可能性があるものだ。

「さて、正解はどれでせう？」賢治にそう訊かれているように思ってしまう。

タイムスリップするにはタイムマシンが必要だが、存在しない。ワープは〝超光速航法〟のことだが、これもＳＦの世界の話だ。スイングバイは天体の引力を利用して、ロケットなどを加速したり減速したりできる。さらには飛ぶ方向も変えることができる技術で、実用化されている。米国ＮＡＳＡが１９７７年に打ち上げた無人探査機ボイジャー1号と2号は途中で木星の重力を使ってスイングバイしたおかげで太陽系の外に出ていった。天の川に入ってからなら、星がたくさんあるのでこの方法も使えそうだが、銀河ステーション程度の質量ではうまくいきそうもない。銀河ステーションを見たわけではないので何とも言えないが、現在の東北新幹線の新花巻駅でさえ、スイングバイするには軽すぎる。

ということで、私が選ぶなら、テレポーテーションだろうか（第八節で少し話題を提供する）。賢治なら、少しはにかみながらも、そんな企《たくら》みをしそうな気がするからだ。

曲がった時空

ところで、最後にあげた〝時空の曲がりを利用する〟方法とは何だろうか。これは、ある意味で『ドラえもん』（藤子・Ｆ・不二雄による人気漫画の一つ）の〝どこでもドア〟に相当するものである。入ったところに、目的地がある。そういう方法だからだ。これも一種のワープだ。

さて、時空をどう曲げるかが問題である。それはアインシュタインのもう一つの相対性理

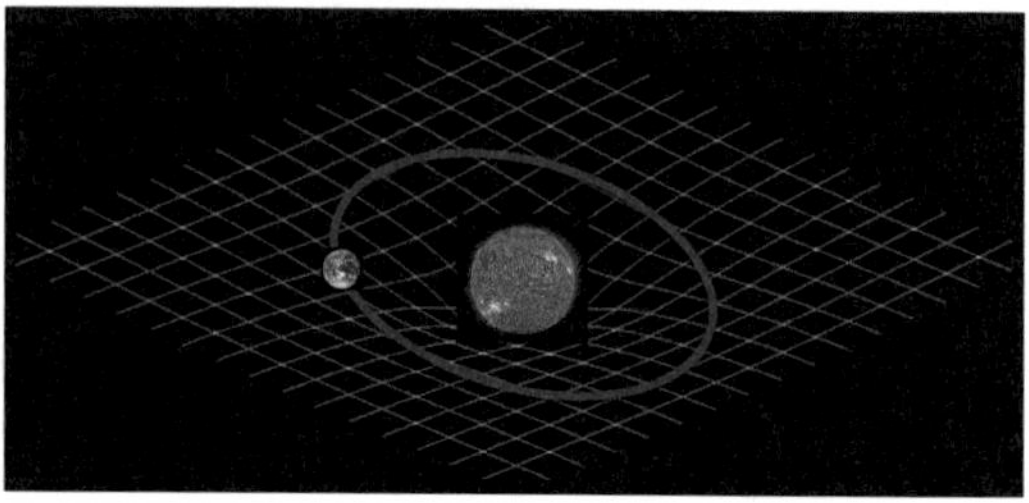

図2-26　一般相対性理論による地球の公転運動。地球は太陽の質量が作る時空の歪みに沿って運動している。

論、一般相対性理論の考え方が必要になる。一般相対性理論における重力の効果は時空の曲がりとして出てくるからである。

一般相対性理論では、〝質量を持つ物体がある＝その場所の時空は質量分布に応じて歪む〟と考える。例えば、地球は太陽の周りを公転運動している。ニュートン力学では地球と太陽の間に働く重力（地球は太陽の重力で引っ張られている）によると解釈する。確かに、高校時代にはそう習った。しかし、一般相対性理論では解釈はまったく異なる。太陽の周辺は太陽の質量により時空が歪んでいる。地球はその歪んだ時空に沿って運動しているだけなのだ（図2-26）。一般相対性理論はニュートン力学とはまったく異なる理論であることが分かるだろう。

米国の物理学者ジョン・ホイーラー（1911-2008）は一般相対性理論の本質を次のように表した。

「時空は物質に移動の方法を教える。
そして、物質は時空に曲がる方法を教える」

蓋《けだ》し名言である。

さて、時空の曲がり説では、ジョバンニは銀河ステーション付近で、なぜか時空の曲がりに誘い込まれ、駅を通過したかどうか分からないまま、銀河鉄道に乗ってしまったという解釈になる。しかし、ここでも銀河ステーションの質量の軽さが障害になる。とても、時空を曲げることはできないだろう。

さて、物語に戻ろう。この後も不思議は続く。なんと、銀河鉄道には友人のカムパネルラも同乗していたのだ。一方、都合のよいことに、比較的仲のよくない友人たち（ザネリたち）は乗り遅れたことになっている。ところが運命は皮肉なものだ。なぜなら、乗り遅れなかったカムパネルラがあとで亡くなるからである。しかも、ザネリを助けるためにである。やはり、何か宗教的な側面があるのかもしれない。

……カムパネルラが「みんなはねずゐぶん走ったけれども遅れてしまったよ。ザネリもね、ずゐぶん走ったけれども追ひつかなかった。」と云ひました。

ジョバンニは、（さうだ、ぼくたちはいま、いっしょにさそって出掛けたのだ。）とおもひながら……（１３５頁）

どうも、ここでも記憶が飛んでいるようで不思議だ。そして、このあと、銀河鉄道の旅がいよいよ始まることになる。

いったん、元気をなくしかけたカムパネルラが勢いよく言う。


「あゝしまった。ぼく、水筒を忘れてきた。スケッチ帳も忘れてきた。けれど構はない。もうぢき白鳥の停車場だから。……」（１３６頁）

白鳥の停車場

銀河ステーションを出発した銀河鉄道はすぐに白鳥の停車場に着こうとしていた。

ご存知のように、銀河鉄道の旅は、北天に見える〝はくちょう座〟から南天に見える〝みなみじゅうじ座〟までの行程をたどる旅である（第2章の扉の図〈69ページ〉）。北十字から南十字までの旅ということもできる。こうしてみると、ずいぶん長い旅路のように思える。

ありえない旅路

銀河系の直径は約10万光年である。銀河鉄道の旅の行程は、第２章の扉の図を見た印象からは銀河系の直径の半分、約５万光年にもなりそうだ。しかし、この評価は誤っている。なぜなら、私たちは夜空に見える星々を天球面に投影して見ているからだ。

私たちが夜空で見ることのできる星の個数は、全天を見回しても約６０００個である。これらの星々はじつは太陽系の比較的近くにある。距離にして約２０００光年ぐらいまでだと思ってよい（『理科年表』〈丸善出版〉の天文部〝おもな恒星〟の項を参照されたい）。もちろん、光度が明るい星はもう少し遠くにあっても見ることができる。ちなみに、肉眼で見える星で最も遠くにあるものはカシオペヤ座のＶ７６２という名前の星で、地球から１万６０００光年離れたところに位置している。[*44]

ところで、はくちょう座のα星、一番明るい星であるデネブまでの距離は１４００光年である。一方、みなみじゅうじ座のα星であるアクルックスまでの距離は３２０光年である。

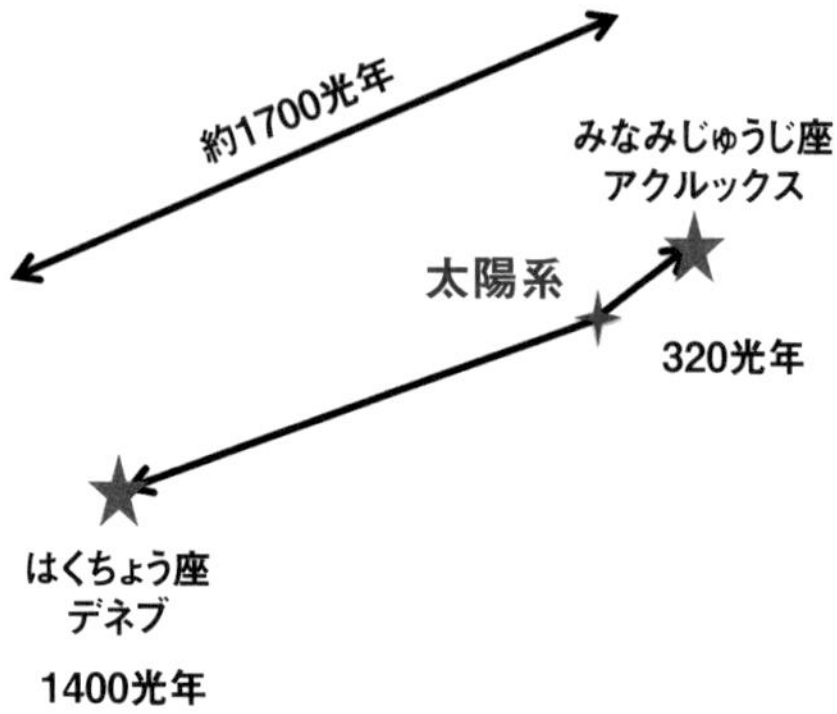

図２-27　デネブとアクルックスの相対位置。銀河系の中心方向はこの図では上側になる。

つまり、これら二つの星の距離は約１７００光年でしかない（図２‐27）。

図２‐27に示したエリアを銀河系全体の図に重ねてみよう。それが、図２‐28である。私たちが見ている星々は太陽系の近くだけであることが実感できるだろう。つまり、銀河鉄道の旅路が長く感じられるのは、私たちが近くにある星々を天球に投影して見ているためだったのである。

さて、銀河鉄道の夜の旅路は５万光年もないことが分かったが、それでも１７００光年もある。夏の夜の時間は大体8時間ぐらいだ。しかし、銀河鉄道は想像以上に速い。なぜなら、銀河ステーションを出発して、白鳥の停車場に着くのが十一時。そして、これは先取

図２-28　図２-27を銀河系全体の図に重ね合わせたもの。左が全体像で、右側が太陽系近傍のクローズ・アップ(図2-27)。銀河系の図：馬場淳一(国立天文台)

りすることになるが、南十字に到着するのは三時。つまり、わずか４時間で走り切ってしまうのだ（第１章第４節の表１-５〝銀河鉄道の時刻表〟〈55ページ〉を参照）。

一応、確認しておこう。まず、白鳥の停車場だ。

「もうぢき白鳥の停車場だねえ。」

「あゝ、十一時かっきりには着くんだよ。」（１３９頁）

そして、南十字に到着する時間は、車掌が告げる。

……南十字《サウザンクロス》へ着きますのは、次の第三

時ころになります。（149頁）

第三時という言葉は普通ではないが、[*45] とりあえず十一時に出て三時に着くのであれば、4時間の旅になる。

1700光年の距離を四時間で走るということは、時速にすると、約425光年毎時ということになる。秒速に換算すると約1・1兆キロメートル毎秒にもなる。光速は30万キロメートル毎秒である。つまり、光速を超える速度での旅になってしまうのだ。

賢治が紡いだ『銀河鉄道の夜』の旅路は、私たちの住む宇宙では、実現不可能な旅だったことになる。とはいえ、それがどうした、という感じだ。そもそも、『銀河鉄道の夜』は童話なのだ。何も、気にすることはない。

白鳥の停車場、再び

さて、銀河ステーションを出た銀河鉄道は最初に白鳥の停車場に着く。すると、銀河ステーションがあった場所は図2‐27（188ページ）で、「はくちょう座」のデネブの左側（方角としては北側）に位置していることになる。これは、白鳥の停車場に着く前に語った次のジョバンニの言葉と矛盾しない。

「あゝ、ぼく銀河ステーションを通ったらうか。いまぼくたちの居るとこ、ここだらう。」
ジョバンニは、白鳥と書いてある停車場のしるしの、すぐ北を指しました。（１３６頁）

豪華な星座早見

そして、この節では、また星座早見が出てくる。第四節で星座早見の話が出たが、ここで出てくる星座早見はかなりゴージャスなものである。何しろ黒曜石でできているからだ。

……カムパネルラは、円い板のやうになった地図を、しきりにぐるぐるまはして見てゐました。まったくその中に、白くあらはされた天の川の左の岸に沿って一条の鉄道線路が、南へ南へとたどって行くのでした。そしてその地図の立派なことは、夜のやうにまっ黒な盤の上に、一一の停車場や三角標、泉水や森が、青や橙や緑や、うつくしい光でちりばめられてありました。（１３６頁）

この文中の、

円い板のやうになった地図

が星座早見である。そのあと出てくるのだが、

ジョバンニはなんだかその地図をどこかで見たやうにおもひました。
「この地図はどこで買ったの。黒曜石でできてるねえ。」（136頁）

なんと、黒曜石でできた星座早見だ。果たして、黒曜石で星座早見を作ることができるか、定かではない。おそらく、これは賢治の願望だったのだろう。もしあるのなら、私も欲しい。黒曜石は火山岩の一種だが、一見すると、黒いガラスのように見える美しい石である。石というより、鉱物というほうがよいかもしれない。そして、私のように北海道出身の人間には〝十勝石〟というほうがピンとくる。

割ると鋭利な刃物のようになることから、武器としても利用されていた。実際、北海道ではアイヌの人たちが十勝石を加工して鏃《やじり》として使っていた。

さて、不可思議は繰り返される。先ほどの星座早見のところである。

ジョバンニが云ひました。
「銀河ステーションで、もらったんだ。君もらはなかったの。」
「あゝ、ぼく銀河ステーションを通ったらうか。……」（１３６頁）

やはり、ジョバンニは銀河ステーションを通っていないと考えたほうがよい。仮に、記憶がないとしても、物理的に銀河ステーションを通過すれば、黒曜石でできた地図（星座早見）を手渡してもらえただろう。しかし、ジョバンニはそれを手にしていない。どうも、テレポーテーション説が正しいような気がしてきた。だが、星座早見の話題とはいえ、天文学とは無縁な話題だ。これ以上、深入りすることはやめておこう。

北アメリカ星雲

そして、話題は銀河や宇宙へとシフトしていき、ジョバンニははしゃぎだす。

「さうだ、おや、あの河原は月夜だらうか。」

……

「月夜でないよ。銀河だから光るんだよ。」（136頁）

この自問自答は白鳥の停車場のすぐ北側を指してなされたものだ。白鳥の停車場が、はくちょう座のα星、デネブの場所だと仮定してみよう。すると、デネブの北側では、天の川が少し他の場所より明るくなっている。つまり、天の川は星の集団であることの再確認だと考えてもよい。

ただ、デネブの北側には、〝北アメリカ星雲〟や〝ペリカン星雲〟と呼ばれる星雲がある（図2-29）。ジョバンニは、デネブの北側は賑《にぎ》やかな星雲のエリアであることを知っていたと思うべきだろう。

図2-29　北アメリカ星雲とペリカン星雲。北アメリカ星雲はその形からすぐ分かるだろう。アラスカに相当する場所が下に向いている。ペリカン星雲はその右に見える。長い嘴を持った顔は左側を向いている。（東京大学木曽観測所）

これらの星雲は散光星雲と呼ばれるものだ（このあとで出てくる〝星雲の世界〟を参照）。近くにある紫外線を放射する星によって電離されたガス雲が輝線を出して輝いている。オリオン大星雲と同じ種類の星雲だ。なぜ、〝散光〟と呼ばれるのか。それは輝度が総じて低いので、はっきり見ることができないからだ。オリオン大星雲はその意味では別格であり、肉眼でもその存在が分かる。

星雲の世界

暗黒星雲はすでに出てきたが（図２-８、１１８ページ）、ここで新たに散光星雲というものが現れた。せっかくの機会なので、ここで星雲について説明しておこう（図２-30）。

天の川を眺めると星だけではなく、見かけ上、少し広がりを持つ光芒があることに気がつく。これらは〝星雲（nebula）〟と総称される。〝星の雲〟と書くが、星の集まりではなくガス状の塊である。

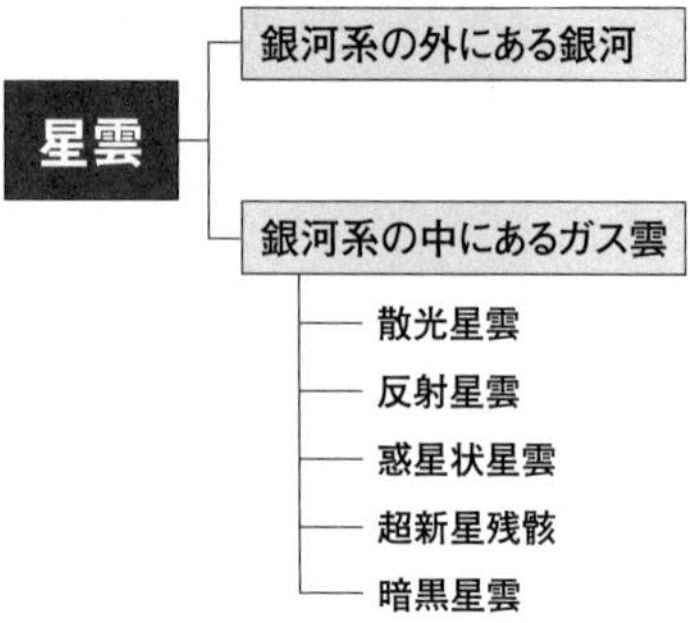

図2-30　星雲の分類。現在では銀河は星雲としては取り扱われないが、歴史的経緯を踏まえてこの図には記しておいた。

ところで、今では銀河系のような銀河が多数宇宙に存在することを知っているので大丈夫だが、１９２４年以前は銀河系そのものが宇宙だと思われていた。つまり、銀河系の他にも銀河があるとは誰も思っていなかった。そのため、星雲と分類されるものには銀河も含まれていた。秋の夜空、アンドロメダ座のほうに見える星雲がある。アンドロメダ星雲である。淡い光芒ではあるが、空の綺麗なところであれば、肉眼で見ることができる。

この星雲には渦のような構造がある。20世紀になると、回転していることも分かった。そのため、本当に天の川の中にある星雲なのか、議論が起こるようになっていた。

そんな中、第1章で述べたように、エドウィン・ハッブルが初めてアンドロメダ星雲の距離を測定することに成功した。彼の得た値は１００万光年であった（現在の測定値は２５０万光年）。天の川の大きさは10万光年である。つまり、アンドロメダ星雲は天の川の中にあるのではなく、外にあることが分かったのである。

こうしてアンドロメダ星雲はアンドロメダ銀河になった。ハッブルの論文が世に出たのは１９２５年の１月のことであった。宇宙には天の川以外の巨大な星のシステム、銀河がたくさんあることに人類はようやく気がついたのである。

こういった歴史的経緯も踏まえて、図２‐30には銀河を星雲の範疇に入れてある。もちろん、現在では星雲とは銀河系の中にあるガス状の星雲のみを意味していることに注意されたい。

銀河系内にあるガス星雲はその性質や起源によって、図２‐30の下段に示したような分類がなされている。図２‐31（１９８ページ）に散光星雲（オリオン星雲）、反射星雲（カリフォルニア星雲）、惑星状星雲（M57）、超新星残骸（かに星雲）の写真を示した。

散光星雲は内部にある星によってガスが電離されたり励起されたりして、自ら輝いている

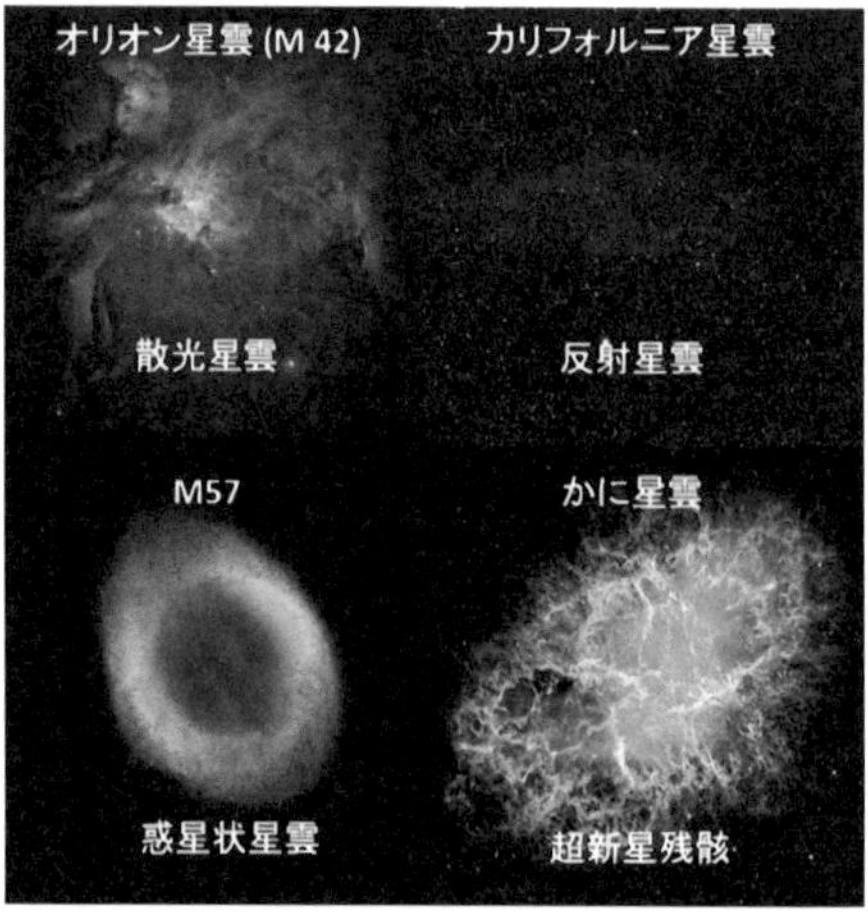

図2-31　天の川銀河で観測される星雲の例。(左上) 散光星雲のオリオン星雲、(右上) 反射星雲のカリフォルニア星雲、(左下) 惑星状星雲のM57、(右下) 超新星残骸のかに星雲。

ガス星雲のことである。一方、反射星雲は自ら輝いているわけではなく、周辺の星の光が反射されて星雲として見えている。惑星が星の光を反射して光っているのと同じだ。

ところで、散光星雲と反射星雲は必ずしも独立して存在しているわけではない。例えば、図2-31で散光星雲の例としてオリオン星雲をあげたが、場所によっては反射星雲として輝いているところもある。

惑星状星雲[*46]は太陽のような星が進化して、白色矮星《はくしょくわいせい》に至る途上で電離され輝いているガス星雲である。[*47]太陽もあと50億年ぐらい経過すると白色矮星になる。その途上で太陽の周辺には美しい惑星状星雲が生まれることだろう。見てみたいものだ。

一方、超新星残骸は超新星爆発で吹き飛ばされたガス星雲である。これらは質量の重い星（太陽質量の10倍以上の星）の進化の最終フェーズで観測される星雲である。強烈な爆風波が発生するため、ガスは加熱され高温になる。そのため、X線や電波など、さまざまな波長帯で輝く。

すきとほった天の川の水

そして、ここからが、いよいよ天文学者の出番である。次の文を見てみよう。

> ……天の川の水を、見きはめようとしましたが、はじめはどうしてもそれが、はっきりしませんでした。けれどもだんだん気をつけて見ると、そのきれいな水は、ガラスよりも水素よりもすきとほって、ときどき眼の加減か、ちらちら紫いろのこまかな波をたてたり、虹のやうにぎらっと光ったりしながら、声もなくどんどん流れて行き、野原にはあっちにもこっちにも、燐光の三角標が、うつくしく立ってゐたのです。……（１３７頁）

まず、〝天の川の水〟とは何か。これが問題である。天の川のような銀河は星の大集団である。私たちの住んでいる銀河系の場合、約２０００億個もの星がある。

しかし、銀河は星だけでできているわけではない。星々の間には星間空間が広がっており、そこは希薄なガス（星間ガス）で満たされている。したがって、〝天の川の水〟はこの星間ガスを意味すると考えてよい。

すでに述べたように、宇宙にあるガスの９割は水素である。星間ガスでも同様である。星間空間は温度が極めて低い。絶対温度で５Ｋから10Ｋ程度である（絶対温度０Ｋ［ケルビン］＝摂氏マイナス２７３℃）。つまり、摂氏でいうとマイナス２６５℃程度しかない。このような低温になると、水素は分子として存在するようになる。もちろん、近くに星があれば温められるので、原子の状態になっている水素もある。また、質量の重い星（大質量星と呼ばれ、表面温度は3万K程度）がそばにあると、その星から放射される紫外線で、水素原子が電離され、陽子と電子になっていることもある（プラズマ状態）。一口に水素といっても、状況によってその状態は変わっている。

さて、

……ガラスよりも水素よりもすきとほって……

この表現は何を意味するのだろうか。〝水素よりもすきとほって〟いるものは果たしてなんだろう。可能性があるのは、水素原子の放射する電波である。電波は可視光に比べて波長が非常に長い。肉眼で感知することもできない。そのため、可視光で見る〝水素よりもすきとほって〟いるとすれば、理解することは可能になる。

しかし、その前により現実的な表現である以下の文章について考えてみる。

……ときどき眼の加減か、ちらちら紫いろのこまかな波をたてたり、虹のやうにぎらっと光ったりしながら、……

ここで出てくるキーワードは〝紫〟と〝虹のやうに〟の二つである。水素原子の放射する電磁波のことを考えると、これらの言葉の意味を推測することができる。

なお、三角標は星を意味するので、

……野原にはあっちにもこっちにも、燐光の三角標が、うつくしく立ってゐたのです。

の一文は、天の川の中にあるたくさんの星々を指していると考えてよい。

光る水素原子

水素原子は陽子と電子が結合した、最も単純な原子である。しかも、宇宙にある元素全体の9割を占める、最もありふれた元素でもある。水素原子などの原子は放っておかれると、一番エネルギーの低い状態で休んでいる。この状態を基底状態という。何処の世界も、楽するのが一番なのである。

しかし、ひとたび、〝ちょっかい〟を出されると、エネルギーの高い状態に移動（正確には、〝励起〟と呼ばれる）したり、電離されたりする。この〝ちょっかい〟をもたらすのは、電磁波であったり、電子や他の原子などとの衝突であったりする。まずは、その様子を図2-32にまとめてみたのでご覧いただきたい。

水素原子はいろいろなエネルギー状態を取ることができる。それは、陽子の周りにいる電

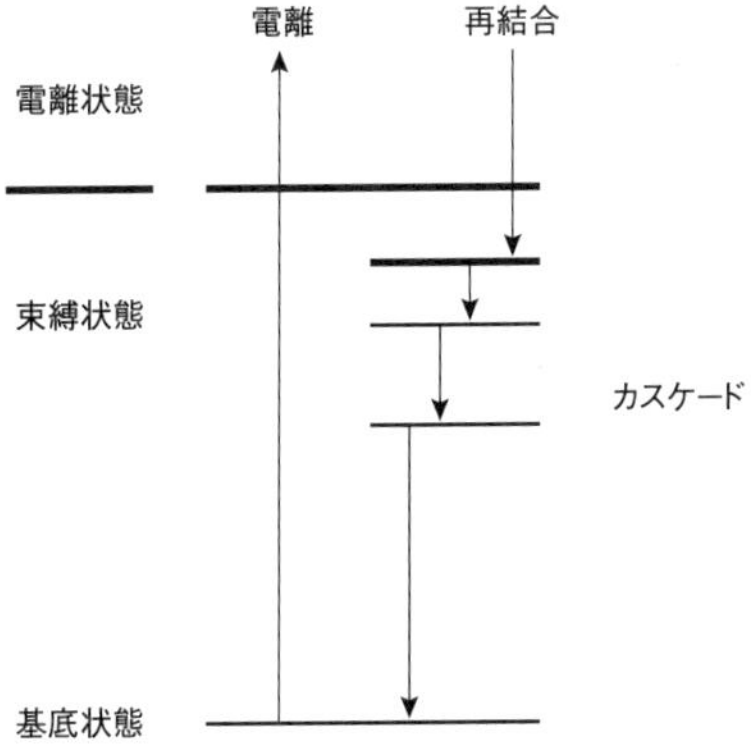

図２-32　水素原子のエネルギー状態と遷移の様子（ロスランド・サイクルと呼ばれる）。(『銀河進化論』塩谷泰広、谷口義明著、プレアデス出版、2009年）

子がどこにいるかで決まる。電子が陽子の近くにいれば、状態は安定するので、水素原子のエネルギー状態は低くなる。逆に、電子が陽子から離れるにつれて不安定になり、エネルギー状態は高くなる。

　水素原子はあるエネルギーを持った光子と相互作用すると、その光子が持っていたエネルギーに準じて、基底状態から励起状態へ遷移する。また、波長が91・2ナノメートルよりも短い光子（電離紫外線）と相互作用する場合は、電離され、陽子と電子に分かれる。そして、再び、陽子と電子が結合（再結合）すると、失ったエネルギーに見合うスペクトル線（輝線）が放射される。再結合線と呼ばれるものである。水素原子のエネルギー状態

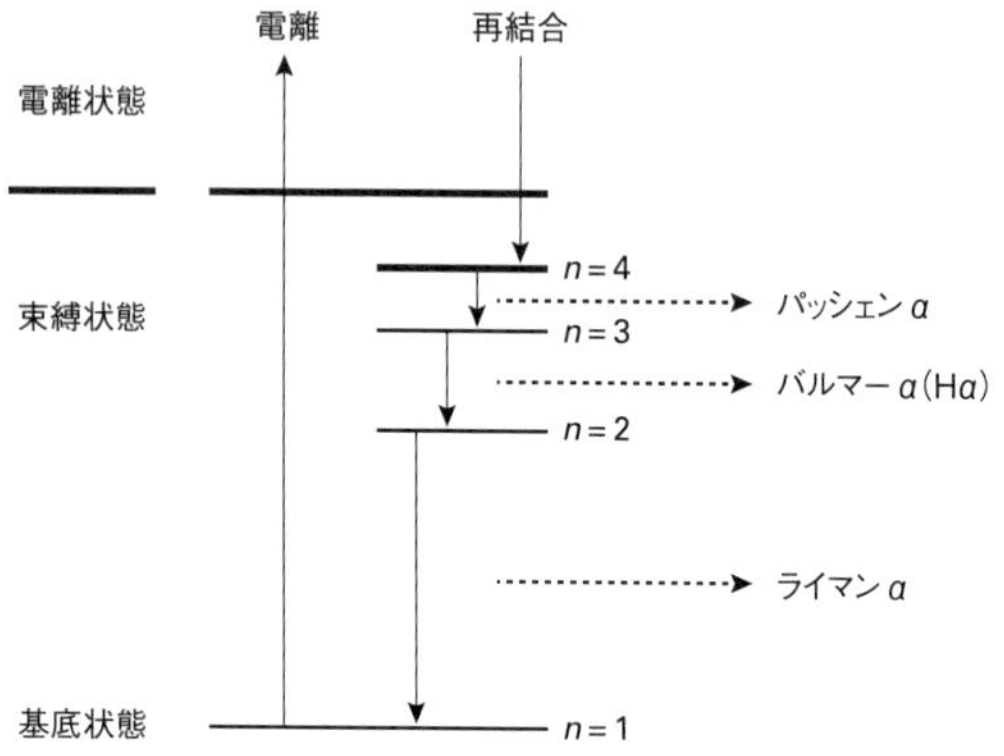

図2-33　水素原子が再結合して、よりエネルギーの低い準位に落ちていくと、準位間のエネルギーに見合う光子を放出する（再結合線と呼ばれる）。$n=4\rightarrow3$の場合はパッシェンα線、$n=3\rightarrow2$の場合はバルマーα線（Hα線）、そして$n=2\rightarrow1$の場合はライマンα線が放射される。ここで、nは主量子数と呼ばれる。それぞれ、近赤外線、可視光、および紫外線の波長帯で放射されるスペクトル線（輝線）である。

は連続ではなく、不連続になっている。これを〃量子化〃されているという。最終的には基底状態である$n=1$の準位に落ち着く（図2-33）。

この水素の再結合線を考えると、賢治の次の言葉の意味が推察できる。

ちらちら紫いろのこまかな波をたてたり（137頁）

図2-33に示したライマンα線の波長は121・6ナノメートルなので、紫外線として放射される。

電離した水素が再結合すると、電子は最終的に基底状態 $n=1$ に至る。自然界にあるあらゆるものは、最もエネルギーの低い状態を好むからである。したがって、水素の再結合線の中で最も明るい放射は $n=2\longrightarrow1$ の遷移で放射されるライマンα線である。

さまざまな励起準位から $n=1$ に遷移するときに放射されるスペクトル線はライマン系列と呼ばれる。米国の物理学者セオドア・ライマン（１８７４‐１９５４）により、１９０６年に発見された。賢治が10歳の頃のことだ。

虹色の水素原子

今度は、次の文章について考えてみよう。

虹のやうにぎらっと光ったりしながら（１３７頁）

ここで出てくる〝虹〟とはなんだろうか？　虹は雨上がり、太陽が出ると太陽と反対の方向に綺麗に見えることがある。私たちが肉眼で虹を見ると、可視光帯全域で光って見える。赤橙《せきとう》黄緑《おうりょく》青藍《せいらん》紫《し》。子供の頃に覚えた虹の色の順番である。

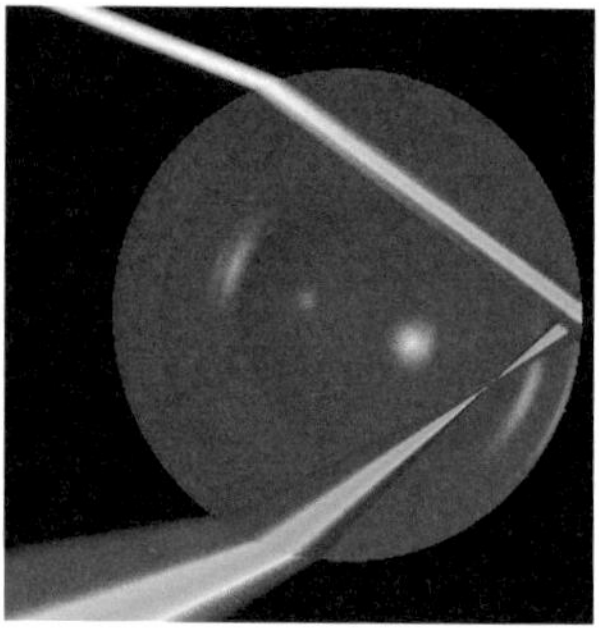

図2-34　雨滴を通して、虹ができる様子。

虹は大気中に浮遊している雨滴の中に太陽の光が入射し、雨滴内で光が屈折されたあとに、再び雨滴の外に出てくる光である（図2-34）。光の波長によって雨滴内部で屈折率が異なるため（波長の短い青い光のほうが、より大きな屈折効果を受ける）、もともとは白色光（すべての波長の光が混じった状態の光）だったものが、可視光帯では赤橙黄緑青藍紫に分かれてしまうのである。

さて、天の川の中にある星間ガスで虹のように光るものがあるだろうか。残念ながら星間ガスの中に雨滴はない。星間ガスの典型的な温度は絶対温度で５K（ケルビン）から10K程度である。つまり、摂氏マイナス２６５℃程度である。したがって、水があったとしても、すべて氷の状態になっている。

さて、困った。氷でもプリズム状のものがあれば説明はつく可能性はある（次項参照）。しかし、ここでも水素原子の再結合線に頼ることはできる。今度は紫外線ではなく、可視光線のほうがよい。それには再結合線のうち、$n=2$に遷移するバルマー系列のスペクトル線が該当する（図２‐33、２０４ページ）。この系列はスイスの物理学者ヨハン・ヤコブ・バルマー（１８２５‐１８９８）によって１８８５年に発見された。

バルマー系列のスペクトル線（輝線）の様子を図２‐35に示した。これを見ると分かるように、バルマー系列の放射は波長が長い（赤い）Hαから波長が短い（青い）Hδまで、可視光帯全域に放射される（δまでと書いたがもっと続く。３６４・６ナノメートルまで輝線が出るので、紫外線でも輝く）。連続した光ではないが、虹のように見えなくはない。

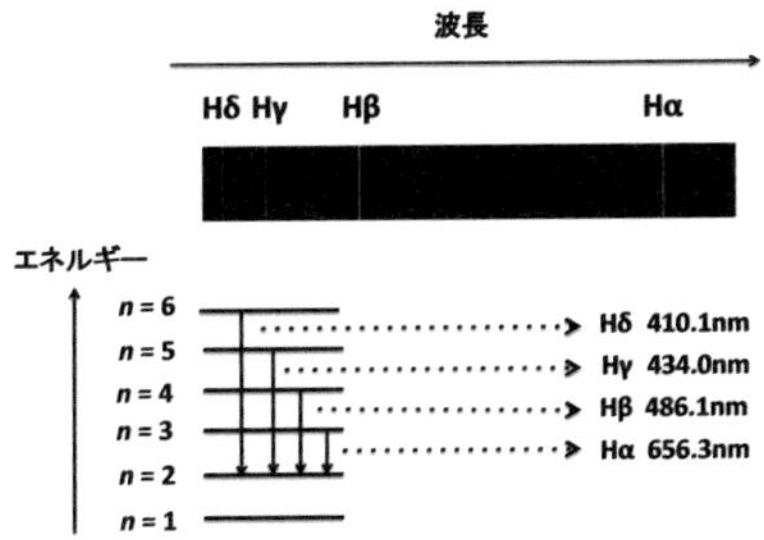

図２‐35　水素原子の再結合線であるバルマー系列。

科学に造詣の深かった賢治のことだ。ライマン系列もバルマー系列も知っていた可能性がある。いずれも賢治の少年時代までに発見されていたからである。もし知っていたとすれば、二つのキーワードである〝紫〟と〝虹のやうに〟を論理的に説明することができる。

ダスト・プリズム

ここまで書いてきて、少し水素原子にこだわりすぎたきらいもある。なぜなら、虹は、やはり連続的な光のなせる業として捉えたい気もするからである。

次の第七節で星間空間にあるダストの話をする。そこで、水晶が出てくる。もし、水晶の中にたまたまプリズムのような形をしたものがあったとしたらどうだろう。背景に星があり、その星からやってきた光が水晶でできたプリズムの中を通る。その場合、私たちは美しい赤橙黄緑青藍紫、つまり虹を見ることができる[*48]（図2-36）。水晶を通過するとき、屈折率が光の波長によって異なる。やはり、青い光のほうが大きく屈折される。そのため、虹が見えるのだ。ひょっとすると、賢治の頭の中に浮かんだ虹は、こちらのほうだったかもしれない。

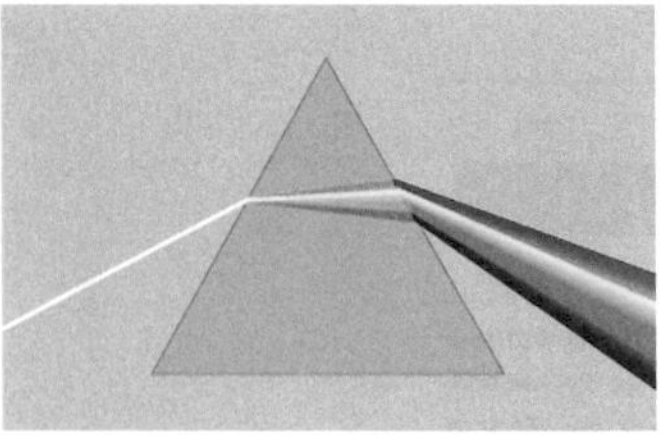
図2-36　プリズムによってできる赤橙黄緑青藍紫。

すきとほった電波で光る水素原子

さて、ここで、先に見た次の表現に戻ろう。

……ガラスよりも水素よりもすきとほって……

〝水素よりもすきとほって〟となると、水素以外のことを考えるのが普通である。しかし、天の川の中にある原子の９割は水素原子である。水素より重い元素のことを考えるのは、なんとなくそぐわない気がする。そこで、再び水素にこだわってみることにしよう。

先ほど指摘したように、可能性があるのは、水素原子の放射する電波である。電波は可視光に比べて波長が非常に長いので、ダストによる散乱や吸収の影響を受けにくい。そのため、可視光で見る〝水素よりもすきとほって〟いる感じがする。

では、水素原子は電波を放射するのだろうか。じつは、水素原子は強い電波を放射する。波長は21センチメートル。超微細構造輝線と呼ばれるものだ。水素原子は陽子と電子が結合したものである。陽子と電子は、それぞれ角運動量（回転する能力）に準ずる〝スピン〟と呼ばれる量子状態を持つ。例えば、水素原子が基底状態にいるとき、陽子と電子のスピンが揃っている（平行）場合と、逆向き（反平行）になっている場合がある（図２‐37、２１０ページ）。これは水素原子の超微細構造と呼ばれる。

スピンが揃っている（平行）場合は、逆向き（反平行）になっている場合に比べてわずかにエネルギーが高い。すると水素原子はエネルギーの低い逆向き（反平行）になっている状態に遷移する。このとき、波長21センチメートルの電波を放射するのである。原子の超微細

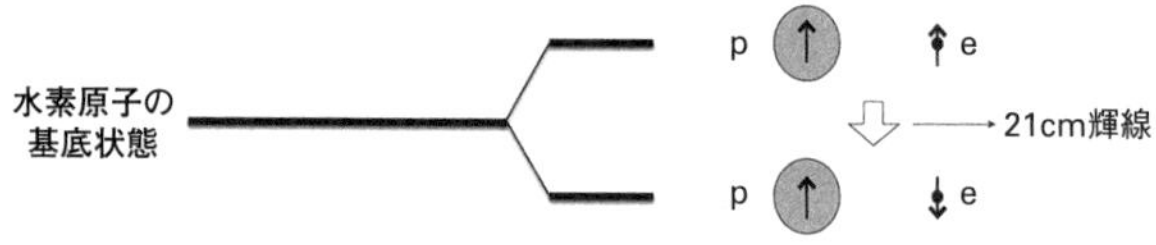

図2-37　水素原子の放射する超微細構造輝線が出る原理。pとeはそれぞれ陽子と電子。矢印がスピンの向き。

構造に由来するので、超微細構造輝線と呼ばれている。

　実際、天の川をこの超微細構造輝線で観測すると、銀河の円盤のいたるところに水素原子があることが分かる。銀河の円盤の運動を調べるのに、大いに役立っているのだ。

　ただ、残念なことに賢治はこの超微細構造輝線のことは知らなかったはずだ。なぜならこの輝線が予言されたのが、１９４４年のことだったからである。予言したのは、オランダの天文学者であるヘンドリク・ファン・デ・フルスト（１９１８-２０００）である。この予言は彼が26歳、オランダのユトレヒト大学で学んでいたときになされたものである。賢治も天才であったが、ファン・デ・フルストも負けじと天才であった。

　さて、そういうわけで、超微細構造輝線で〝水素よりもすきとほって〟を説明することはできない。では、水素原子の放射する電波は超微細構造輝線だけなのだろうか。じつは、そうではない。再結合線でも電波は出るからだ。

例えば、$n = 110 \longrightarrow 109$への遷移で放射される再結合線はH109$\alpha$線と呼ばれる。このスペクトル線は波長6センチメートルの電波として放射される。米国国立電波天文台が運用するグリーンバンク電波天文台の口径43メートルの電波望遠鏡により、オリオン星雲などの電離ガス雲で発見された。ただし、このような電波の再結合線が実際に観測されたのは1965年のことだった。水素原子は励起状態が高くなると、準位間のエネルギー差が小さくなる。そのため、紫外線や可視光ではなく、電波が放射されるのだ。私は大学三年生のときに、このことを習った。これは再結合線のことを知っていれば予想されることなので、賢治は考えた可能性はある。しかし、やはり考えすぎだろうか。

ドップラー・シフト

『銀河鉄道の夜』では、さらに面白い記述が続く。以下の文章を読んでほしい。

……野原にはあっちにもこっちにも、燐光《りんくわう》の三角標が、うつくしく立ってゐたのです。遠いものは小さく、近いものは大きく、遠いものは橙《だいだい》や黄いろではっきりし、近いものは青白く少しかすんで、或ひは三角形、或ひは四辺形、あるひは電《いなずま》や鎖の形、さま

> ざまにならんで、野原いっぱい光ってゐるのでした。（１３７頁）

さて、

> 遠いものは小さく、近いものは大きく

これは単なる遠近法による記述である。しかし、

> 遠いものは橙《だいだい》や黄いろではっきりし、近いものは青白く少しかすんで

これはどうだろう。遠いものは向こう側に移動していて、近いものはこちらに向かってきている。こう考えると、燐光の三角標から放射される光は、ドップラー効果のため、記述された通りの色に見えるのだ。賢治は三角標の運動まで考慮に入れていたのかもしれない。

りんだうの花の謎

このあと、突然、花の名前が出てくる。その花の名前は〝りんどう〟である。

「あゝ、りんだうの花が咲いてゐる。もうすっかり秋だねえ。」カムパネルラが、窓の外を指さして云ひました。（１３７頁）

この文章の前には次の記述がある。

ごとごとごとごとと、その小さなきれいな汽車は、そらのすゝきの風にひるがへる中を、天の川の水や、三角点の青じろい微光の中を、どこまでもどこまでもと、走って行くのでした。（１３７頁）

つまり、カムパネルラが見つけたりんどうの花は、天の川の水や、三角点の青じろい微光の中にあったことになる。〝三角点の青じろい微光の中〟が何を意味するのか正確には分からないが、三角点と三角標は表裏一体なので、星を意味すると考えてよい。つまり、星をりんどうに見たてているのだろう。17世紀初頭、ガリレオが小さな望遠鏡で見た天の川の星々だと思えばよい。

りんどうの花といえば青紫の美しい花が思い浮かぶ。シロバナコケりんどうやガビサンりんどうのように、白やピンク色のりんどうもあるが、やはり、りんどうといえば青紫だろう。では、星で青紫色のものは何か。それは質量の重い星である。はくちょう座β星のアルビレオで暗いほうの星の色は青である（図２－42、２３９ページ）。天の川の円盤部には密度の高いガス雲がたくさんある。そこでは、状況によっては大質量星、つまり青い星が生まれることがある。例えば、オリオン大星雲を輝かせているのは、そのような大質量星たちである。賢治はりんどうの花に、大質量星を重ねていたのではないだろうか。

一つ注意しておくと、星の個数は星の質量のマイナス二乗で少なくなっている。つまり、太陽と同じ質量の星が１００個あると、太陽の10倍重い星はたった1個しかない。つまり、青紫の重い星は総じて少ない。しかし、天の川は広い。それなりの個数があるだろう。それが天の川の水に浮かぶ〝りんどうの花〟だと思えばよい。

〔七、〕北十字とプリオシン海岸

橙いろの三角標

この節の冒頭に、また三角標が出てくる。

ジョバンニは、
（あゝ、さうだ、ぼくのおっかさんは、あの遠い一つのちりのやうに見える橙いろの三角標のあたりにゐらっしゃって、いまぼくのことを考へてゐるんだった。）と思ひながら、ぼんやりしてだまってゐました。（138頁）

ここに出てくる、〝橙いろの三角標〟だが、三角標は星のことなので、橙いろの星を意味する。ジョバンニは、いま銀河鉄道に乗っている。つまり、天の川の中にいる。そこからお母さんの住む地球の方向を見れば、見える星は太陽である。つまり、橙いろの三角標は太陽を意味するのだろう。

太陽の色は黄色に見えるかもしれないが、ほぼ白色である。ただし、夕日や朝日は地球大気による吸収の影響で主として青い光が吸収されるため、赤い色に見える。黄色と赤の中間なら橙いろである。賢治がなぜ橙いろの星としたのかは不明だが、太陽を指していることは間違いないだろう。

天の川に浮かぶ鉱物

さて、銀河ステーションを旅立った銀河鉄道は、最初の停車駅である白鳥の停車場に近づこうとしている。

「もうぢき白鳥の停車場だねえ。」
「あゝ、十一時かっきりには着くんだよ。」（１３９頁）

そして、鉱物好きだった賢治は天の川にある砂や礫《こいし》に注意を向ける。

カムパネルラは、そのきれいな砂を一〔つ〕まみ、掌にひろげ、指できしきしさせながら、夢のやうに云ってゐるのでした。

「この砂はみんな水晶だ。中で小さな火が燃えてゐる。」（１４０頁）

また、次の文章も出てくる。

河原の礫《こいし》は、みんなすきとほって、たしかに水晶や黄玉や、またくしゃくしゃの皺《しゅう》曲《きょく》をあらはしたのや、また稜《かど》から霧のやうな青白い光を出す鋼玉やらでした。ジョバンニは、走ってその渚に行って、水に手をひたしました。けれどもあやしいその銀河の水は、水素よりももっとすきとほってゐたのです。それでもたしかに流れてゐたことは、二人の手首の、水にひたったとこが、少し水銀いろに浮いたやうに見え、その手首にぶっつかってできた波は、うつくしい燐光《りんくわう》をあげて、ちらちらと燃えるやうに見えたのでもわかりました。（１４０‐１４１頁）

ここでは、水晶と鋼玉が出てくる。水晶は石英だが、特に透明なものは水晶と呼ばれる。成分は二酸化珪素（SiO_2）。一方、鋼玉はコランダムとも呼ばれ、成分は酸化アルミニウム（Al_2O_3）だ。結晶中にさまざまなイオンが入ることで色がつき、ルビーやサファイアともなる。

ちなみに、『銀河鉄道の夜』第六節の最後のほうに出てきた月長石（ムーンストーン）の成分は$NaAlSi_3O_8$や$KAlSi_3O_8$である。ここで、Naはナトリウム、Kはカリウムである。

先に黒曜石も出てきたが、やはり賢治の作品にはさまざまな鉱物が出てきて楽しい。賢治は盛岡高等農林学校時代、地質学を専門にしていた。つまり、筋金入りの石っこ賢さんというわけだ。

ところで、鉱物の世界を堪能したい場合、『賢治と鉱物 文系のための鉱物学入門』（加藤碵一、青木正博著、工作舎、２０１１年）が大変役に立つ。この本に紹介されている鉱物の美しい写真には心を奪われる。誰もが石っこを好きになるだろう。じつは、私も石っこが大好きだ。

宇宙にある元素

天の川の中には、というよりはこの宇宙には、百種類以上にも及ぶさまざまな元素がある（図２‐38、２２０ページ）。現在までに知られている元素は１１８種類ある。しかし、図２‐38に示すように、自然界にあるものは、そのうちの94種類である。残りは人為的に生成されたものだ。自然界にある元素は原子番号92番のウラニウムまでと思われていた時期もあるが、原子番号93番のネプツニウムと原子番号94番のプルトニウムも、微量ながら自然界に存在する。

『宮沢賢治の元素図鑑』（桜井弘著、豊遥秋写真協力、化学同人、２０１８年）によれば、賢治の作品の中には45種類もの元素が出てくるとのことである。自然界にある元素の約半数が作品で紹介されていることになる。

〃知っている元素の名前をあげてごらん〃そういわれて、私たちはいくつの元素の名前をあげられるだろうか。45種類もの元素の名前をあげられる人は、そういないだろう。しかも、名前だけ知っていても役に立たない。それらの性質を知らなければ、作品に生かすことはできないからだ。そう思うと、賢治の博識には驚かされる。

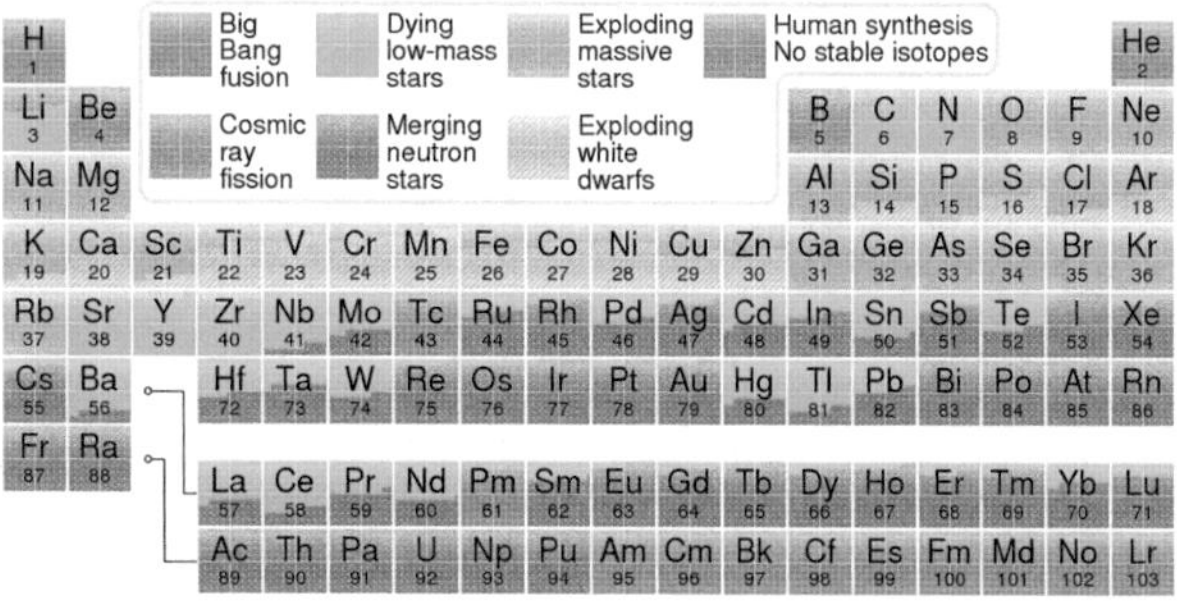

図2-38　宇宙にある元素とその主たる成因。ビッグバン宇宙論に従うと、宇宙最初の三分間は高温・高圧状態になっているので、元素合成が可能になる。これはビッグバン元素合成と呼ばれるが、生成される元素は水素(H)とヘリウム(He)で9対1の割合で生まれる。その他にリチウム(Li)とベリリウム(Be)もわずかだが生まれる。ただ、現在の宇宙にあるリチウムとベリリウム、そしてホウ素(B)の大半は炭素などの重い元素が宇宙線によって破壊されてできるものである。炭素以降の重い元素は基本的に星の内部で発生した核融合や超新星爆発の産物として生成される。一方、金(Au)やプラチナ(Pt)などのレアメタルは中性子連星の合体の際に生まれる。図の95番以降の元素は自然界には存在せず、人為的に生成される元素である。先ごろ話題になった原子番号113番のニホニウム(Nh)も人為的に生成された元素である。

ところで、天の川のみならず、宇宙に特別な場所はない。さまざまな元素はどこにでもある。そのため、水晶や鋼玉が天の川の中に浮かんでいたとしても不思議ではない。

それらは、一般にダスト（塵粒子）と呼ばれている。天の川の中にあるガス雲では、その質量の約１％はダストが担っている。天の川の中には太陽の約１億倍の質量のダストがある。したがって、ダストはそれほど珍しいものではない。実際、天の川に見える暗黒星雲はダストが作り出しているシルエットである。

『銀河鉄道の夜』で鉱物の話が出てくるときは、このガス雲にあるダストのことだと理解すればよいだろう。ただ、どうだろう。天の川の中にダストがたくさんあることを知っている人はそんなにはいないのではないだろうか。やはり、賢治は物知りだったとしか思えない。もちろん、〝石っこ賢さん〟の異名を持つ賢治のことだから、鉱物の話を出さないわけにはいかなかったのだろうが。

天の川で発掘

さて、銀河鉄道は白鳥の停車場に到着して、20分間停車する。そこで、ジョバンニとカムパネルラは銀河鉄道から降りて散策に出かけることにした。

まず、白鳥の停車場に着く前に汽車の窓から見えた河原に行ってみた。河原に着いて二人は天の川の水や小石に感動したが、そのあと、川上のほうで何か道具がピカッと光るのを見つけた。そして二人はその正体を見極めるために川上に向かう。そこで今度は瀬戸物でできた標札を見つける。そこに書かれた文字は、

〔プリオシン海岸〕（１４１頁）

だった。プリオシンは地質時代の名称で、日本語では鮮新世と呼ばれる時代だ。今から約５００万年前から２５０万年前の地質時代のことである。今の時代にいる動物が出現した時代だ。

カムパネルラはそこで岩の中に埋まっている胡桃《くるみ》を見つける。このエピソードから、プリオシン海岸はイギリス海岸を意識していることが分かる。プリオシン海岸の様子は次のようなものだ。

……白い岩が、まるで運動場のやうに平らに川に沿って出てゐるのでした。（１４１頁）

まさにイギリス海岸の風景ではないか。賢治の童話『イギリス海岸』で確認してみよう。

> それは本たうは海岸ではなくて、いかにも海岸の風をした川の岸です。北上川の西岸でした。……
>
> 殊にその泥岩層は、川の水の増すたんび、奇麗に洗はれるものですから、何とも云へず青白くさっぱりしてゐました。
>
> （第十巻『イギリス海岸』、47頁）

そして、このあと二人は学者や大学士らしき人たちが、牛の先祖であるボスの化石の発掘をしている現場を見に行く。胡桃もボスも、どうも１２０万年ぐらい前のものらしい。

イギリス海岸でも、賢治が〝第三紀偶蹄類〟と名づけた動物の足跡が見つかっている。

> 白い火山灰層のひとところが、平らに水で剝がされて、浅い幅の広い谷のやうになってゐましたが、その底に二つづつ蹄の痕のある大さ五寸ばかりの足あとが、幾つか続い

たりぐるっとまはったり、大きいのや小さいのや、実にめちゃくちゃについてゐるではありませんか。（第十巻『イギリス海岸』、57頁）

さて、この発掘のことは、天文学には関係ない。しかし、なんとなく気になる。銀河鉄道の旅で、なんで発掘の話が出てくるのか。そういう疑問だ。

天の川のような銀河は宇宙が誕生してから、２億年ぐらいした頃に生まれたと考えられている。つまり、銀河の現在の年齢はおおむね１３６億歳だ。銀河の大きさは、今では約10万光年にもなる。１光年は光が１年かけて進むことができる距離で、約10兆キロメートルである。銀河はその10万倍ものサイズがあるのだから、とてつもなく大きい。

銀河の中では、ガスの密度が高いところで星々が生まれ、そして死んでいく。星の誕生と死の様子は、銀河の場所ごとで異なっているのだ。銀河の、ある一つの場所に着目すれば、そこにはそこだけの歴史が刻まれている。つまり、そこを発掘すれば、その場所固有の歴史が見えてくるのだ。賢治は銀河の場所ごとの進化の違い[*49]に思いを寄せて、〝発掘〟の話を入れたと考えれば天文学とは繋がる。

なぜ風のやうに走れたか？

さて、白鳥の停車場での停車時間はわずか20分と短かった。プリオシン海岸で時間を使ったジョバンニとカムパネルラは急いで、銀河鉄道に戻ることにした。

> 二人は、その白い岩の上を、一生けん命汽車におくれないやうに走りました。そしてほんたうに、風のやうに走れたのです。息も切れず膝もあつくなりませんでした。（142-143頁）

二人はなぜ風のように走れたのだろうか。天文学で説明がつくのだろうか。じつは、まったく説明がつかないわけでもない。銀河の回転をうまく利用する方法があるからだ。

回転する天の川銀河

天の川銀河のような円盤銀河は円盤を維持するために回転している。その回転の様子を模式的に示したものが図2-39（226ページ）である。ご覧のように、中心領域は剛体回転

している が、ある半径の場所から回転速度が一定になっている。これは、じつは大変不思議な現象である。なぜなら、銀河は中心領域のほうが明るく見えているので、中心付近のほうが星の数が多いはずである。太陽系のように質量の大半を担う太陽が中心にあるようなものである。もしそうなら、円盤の回転は太陽系の惑星のように、外側にあるもののほうが、よりゆっくり回転運動することになる。

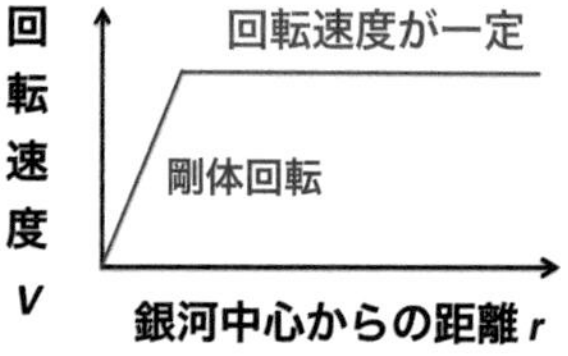

図2-39　天の川銀河のような円盤銀河の回転の様子。

　ところが、銀河ではそうなっていない。外側に行っても回転速度が落ちずに一定のままなのである。これは〝平坦（フラット）な回転曲線〟と呼ばれる。

　外側に行っても回転速度が落ちずに一定のままであるためには、銀河の外側に〝見えない〟質量がなければならない。計算すると分かるのだが、銀河の質量は半径に比例して増えるのである。しかし、銀河は外側に行くにつれて暗くなる。したがって、質量を担っているのは星ではない。

　では、その正体は何か。それは光を出さない〝ダークマター（暗黒物質）〟と呼ばれる物質である。その正体がなんであるか確定されていないが、未知の素粒子であろうと考えられており、現在でも精力的に研究が進められている。

　さて、この〃平坦な回転曲線〃の性質を利用すると、あたかも〃風のように走れて〃、早く白鳥の停車場に戻ることが可能になる。ただし、それが可能になるのは二人が白鳥の停車場より、天の川の少し中心寄りを走る場合である。

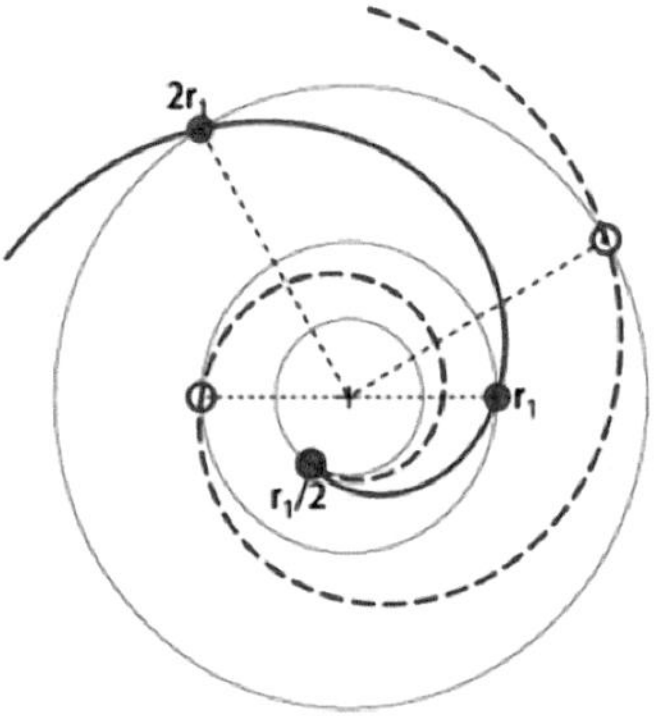

図２-40　天の川銀河のような円盤銀河の円盤が“平坦な回転曲線”を持っている場合、半径によって移動するスピードが異なる。

　ここで、図２-40を見ていただこう。この図は天の川銀河のような円盤銀河の円盤が〃平坦な回転曲線〃を持っている場合、半径によって移動の様子が異なることを理解するための図である。

　半径が$r_1/2$、r_1、そして$2r_1$の場所に三人の人がいたとしよう。r_1にいた人が半周すると、πr_1の距離を移動したことになる。では、そのとき、半径が$r_1/2$と$2r_1$の場所にいた二人の人はどこまで移動しているだろうか。〃平坦な回転曲線〟ということは、二人の速度は r_1 の場所にいた人と同じである。したがって、移動できる距離は同じくπr_1である。すると、半径が $r_1/2$ の場所にいた人は、なんと一周して、自分の元いた場所まで戻っている。

ところが、半径が$2r_1$の場所にいた人はまだ4分の1周しかしていない。つまり、〝平坦な回転曲線〟を持つ円盤の場合、速度は同じであるにもかかわらず、内側にいる人のほうが速く回転移動しているのである。

ジョバンニとカムパネルラは風のように速く走ったと思ったのだろうが、そうではない。二人は白鳥の停車場より少し内側を走ったのだ。効果はてきめんである。〝平坦な回転曲線〟のおかげで、白鳥の停車場に予想より速く着くことができたのである。

ただ、〝平坦な回転曲線〟が発見されたのは１９７０年代のことだから、さすがの賢治にもこの方法は思いつかなかったであろう。したがって、またもや、テレポーテーションに近い現象が二人の身に起きて、速く白鳥の停車場に着くことができたと考えるほうがよさそうだ。

〔八〕　鳥を捕る人

天の川を飛ぶ鳥

この節は、なんとなく不思議な節だ。銀河鉄道の夜にどうして鳥がたくさん飛び交うのか、すぐには理解できないからだ。おそらくは、賢治は自然界にあるもの、あるいは居るものすべてに、優しい気配りをしているためなのだと思う。

考えてみると、賢治と鳥や動物との関係は深い。まずは名作の一つが思い浮かぶ。『よだかの星』である。そして、『セロ弾きのゴーシュ』だ。個人的な感想で恐縮だが、私は『セロ弾きのゴーシュ』が大好きだ。動物との交流を通して、セロの演奏が上手《うま》くなる。しかし、それだけではないと思う。要するに、動物との交流を通して、人間として成長していく物語なのだ。

私は特に鳥が好きなわけではないが、嫌いでもない。我が家のバルコニーにはよく鳥が遊びに来る。セキレイなどは尾を振りながら歩く姿が愛らしい。スズメはたいがい二羽で遊びに来て、チュンチュンとかしましい。鳥を眺めていると、ときどき思う。どこから来て、どこに行くのだろう。彼らの特技は空を飛べることだ。ふと目を離した隙に姿が消えていることもよくある。まるで、テレポーテーションのように。
『新装版 宮沢賢治ハンドブック』（天沢退二郎編、新書館、２０１４年）を紐解いてみると、ちゃんと〝鳥〟が項目としてある。

〈飛ぶ〉とは、ここからここではない場所へと移ることを意味する。これがすなわち〝鳥の遷移〟である。（『新装版 宮沢賢治ハンドブック』、１４０頁）

〝鳥の遷移〟とはよい表現だ。まさに瞬間的な移動を暗示するからだ。じつは、賢治の作品に〝鳥の遷移〟という詩がある。１９２４年に作られたものだ（第三巻　82－83頁）。

鳥のもう一つの特質は鳴くことである。声はすれども、姿は見えず。鶯《うぐいす》だ。また、突然聞こえてくる、ピーヒョロヒョロという鳴き声に思わず空を見上げることもある。すると、悠々と空高く舞う鳶《とび》が見える。そういえば、コンドルを見たことがある。南米チリ共和国の天文台（アンデス山中の標高約２０００メートルの場所にある）に行ったときのことだ。私は気がつかなかったのだが、天文台の職員が私に空を見ろと教えてくれたおかげで見ることができた。かなり高い空にいたが、大きく見えて驚いた。残念ながら鳴き声は聞かなかった。

さて、『新装版 宮沢賢治ハンドブック』によれば、鳥が鳴くのは遠隔コミュニケーションを行うためと説明されている。つまり、鳥の特質である、飛ぶと鳴くは、いずれも遠隔コミュニケーションというキーワードでまとめ上げることができるということだ。天沢退二郎は、賢治が遠隔コミュニケーションにこだわりを持っていたことが、彼の作品に鳥が頻出する理由であろうと推察している。大変説得力がある。

では、銀河と鳥は関係があるのだろうか。こう聞かれると、悩むところである。というより、はっきりいえば、関係などない。それは常識を働かせれば分かることだ。

ところが、読み進めていくと、なんとなく鳥と銀河に関係があるように思えてくるから不思議だ。その理由を説明しよう。

鳥を捕る人

ジョバンニ、カムパネルラ、そして鳥を捕る人との会話を聞いてみよう。

「わっしはすぐそこで降ります。わっしは、鳥をつかまへる商売でね。」

「何鳥ですか。」

「鶴や雁です。さぎも白鳥もです。」

「鶴はたくさんゐますか。」

「居ますとも、さっきから鳴いてまさあ。聞かなかったのですか。」（１４４頁）

ところが、そのあと、意外な説明がなされる。


「鶴、どうしてとるんですか。」

「鶴ですか、それとも鷺ですか。」

「鷺です。」ジョバンニは、どっちでもいいと思ひながら答へました。

「そいつはな、雑作ない。さぎといふものは、みんな天の川の砂が凝《こご》って、ぼおっとできるもんですからね、そして始終川へ帰りますからね、川原で待ってゐて、鷺がみんな、脚をかういふ風にして下りてくるとこを、そいつが地べたへつくかつかないうちに、ぴたっと押へちまふんです。するともう鷺は、かたまって安心して死んぢまひます。あと

はもう、わかり切ってまさあ。押し葉にするだけです。」（144‐145頁）

そして、話はまだ続く。


「鷺の方はなぜ手数なんですか。」カムパネルラは、さっきから、訊かうと思ってゐたのです。

「それはね、鷺を喰べるには、」鳥捕りは、こっちに向き直りました。

「天の川の水あかりに、十日もつるして置くかね、さうでなけぁ、砂に三四日うづめなけぁいけないんだ。さうすると、水銀がみんな蒸発して、喰べられるやうになるよ。」

（146頁）

ダスト

どうもこれらの文章を読んでいると、ダスト（塵粒子）が絡んでいるように感じられる。暗黒星雲のところで出てきたが、天の川のガス雲の中にはダストがたくさん含まれている。問題はダストと鳥がどう関係しているのか、である。

鳥は飛ぶ。ダストも飛ぶ。ダストが飛ぶのは、例えば星からの放射圧で吹き飛ばされるような状況を考えてもらえばよい。しかし、あまりピンとこない。ピンとくるものがあるとすれば、流れ星である。

図2-41　しし座流星群の様子。彗星が過去に撒き散らしたダストが漂っている場所に地球が突っ込んでいくと、流星がたくさん見えることもある。それが流星群と呼ばれる現象である。（撮影：津村光則）

　夜空をしばらく眺めていると、流れ星を見ることがある。流れ星はもちろん星が流れているわけではない。地球は太陽の周りを公転運動している。地球の公転軌道上には、ダストが浮遊している。地球がそのような場所に突入すると、ダストが地球の大気に入ってくる。すると、ダストは大気と摩擦をおこし、燃える。その発光現象が流れ星として見えるのである（図2-41）。

　流れ星として見えるダストのサイズはたかだか1ミリメートル程度のものだが、大きなものが入ってくると、火球として観測される。燃え尽きなければ、隕石《いんせき》として地上に落ちてくる。

流れ星はこのように、天の川というよりは地球に関係した現象である。そのため、この節で出てくる鳥を流れ星に比喩するのは必ずしも的を射ていない。

ただ、ダスト説だけでは面白味に欠ける。少しあとになるが、「渡り鳥の謎」の項目で別のアイデアを紹介することにしよう。

ところで、鳥捕りは不思議な存在である。ジョバンニやカムパネルラと同様に、どうもテレポーテーションが得意なようなのだ。

> 鳥捕りは二十疋ばかり、袋に入れてしまふと、急に両手をあげて、兵隊が鉄砲弾にあたって、死ぬときのやうな形をしました。と思ったら、もうそこに鳥捕りの形はなくなって、却って、
> 「あゝせいせいした。どうもからだに恰度合ふほど稼いでゐるくらゐ、いゝことはありませんな。」といふききおぼえのある声が、ジョバンニの隣りにしました。見ると鳥捕りは、もうそこでとって来た鷺を、きちんとそろへて、一つづつ重ね直してゐるのでした。
> 「どうしてあすこから、いっぺんにこゝへ来たんですか。」ジョバンニが、なんだかあたりまへのやうな、あたりまへでないやうな、おかしな気がして問ひました。

「どうしてって、来やうとしたから来たんです。……」（１４７－１４８頁）

この最後の一文は、テレポーテーションとしか考えようがない。賢治はテレポーテーションに憧れていたのだろうか。先ほど述べたように、やはり、鳥が飛ぶことに遠隔コミュニケーションの世界を見ていたのかもしれない。

日常の生活と童話の創作。賢治はこれら二つの世界を渡り歩きながら生きていたはずである。スイッチを切り替える。それは、精神的なテレポーテーションともいえるような気がする。

量子テレポーテーション

ところが、今の時代、テレポーテーションは可能になっている。それは量子テレポーテーションである。１９２０年代に開花した量子力学はその後も発展を続け、私たちの生活にも役に立ってきている。私たちの身の回りで目にする物体の運動などは、高校時代に習ったニュートン力学（古典力学）でよく理解できる。マクロな世界の出来事はそれでよい[*50]。ところが、原子スケールのミクロの世界では、そうはいかない。古典力学は破綻し、量子力学が必要になってくるからだ。

量子（例えば電子）がたくさんある場所では、古典力学で予想される出来事では説明のつかないことが起きる。それを〝量子もつれ〟と呼ぶ。この量子もつれの性質を利用すると、物理的に離れた場所に、量子の持つ情報を送ることができる。それが量子テレポーテーションである。実際に〝もの〟を送るわけではなく、情報を送るだけである。『ドラえもん』の〝どこでもドア〟は残念ながらない。したがって、鳥捕りの不可解な行動は量子テレポーテーションでは説明はつかない。しかし、それでもマクロの世界では予想もされなかったことが、ミクロの世界では起こりうることを知っていて損はない。

多次元の世界？

それにしても、この第八節は唐突で不思議な話が展開されている。どうも多次元宇宙のような感じもする。つまり、『銀河鉄道の夜』では、少なくとも三つの世界があると考えてもよい。

・ジョバンニ（賢治）が現実に生きている花巻
・銀河鉄道が走る世界（ジョバンニの空想世界）

・鳥捕りの住む世界

本来なら、〃銀河鉄道が走る世界〃だけで物語を紡いでもよかったはずのように思われるが、賢治は敢えて〃鳥捕りの住む世界〃を交錯させて、何かを伝えたかったのかもしれない。そのヒントは第九節で出てくる〃三次〃とか〃四次〃という言葉と関係しているのかもしれない。だが、その話は第九節に譲ることにして、先に進もう。いよいよ、銀河鉄道の旅路は最終節に向かう。

〔九、〕ジョバンニの切符

アルビレオ観測所

こうして、最後の節に辿り着く。白鳥区を過ぎようとするところでアルビレオ観測所を見る。そして、鷲《わし》の停車場を越え、終着駅である南十字へ向かう最終節である。

図2-42　はくちょう座の北十字と、はくちょう座のβ星アルビレオ。右のパネルはアルビレオのクローズ・アップ。下に見える、黄いろっぽく見えるのが3等星のはくちょう座β1星（アルビレオA星）で、上に見える青く見えるのが5等星のはくちょう座β2星（アルビレオB星）である。（写真提供：［はくちょう座］大野実、［アルビレオ］畑英利）

「もうこゝらは白鳥区のおしまひです。ごらんなさい。あれが名高いアルビレオの観測所です。」（148頁）

第九節はこの文章で始まる。観測所の名前である〝アルビレオ〟は、はくちょう座のβ星（星座で二番目に明るい星）である（図2-42）。アルビレオはよく見ると二つの星からなっているように見える。二重星と呼ばれるものだ。

星の色

夜空を見て、星の色に気づくのは意外と難しい。それは星が点状に見えているためである。それでも、『銀河鉄道の夜』の最後のほうに出てくる、さそり座α星であるアンタレスが赤いことはよく分かる。また、オリオン座のα星ベテルギウスも赤く見える。この星は近々超新星爆発を起こすのではないかと話題を集めている。一方、青白く見えるのは、青い琴の星（１３２ページ参照）である、こと座のα星ヴェガや、おおいぬ座のα星シリウスなどがある。

賢治の童話で星の色が話題になるのは『土神ときつね』である。樺の木がきつねに質問する。

「お星さまにはどうしてあゝ赤いのや黄のや緑のやあるんでせうね。」

（第九巻『土神ときつね』、２４８頁）

きつねは答えようとして話をしだす。

「星に橙や青やいろいろある訳ですか。それは斯うです。全体星といふものははじめはぼんやりした雲のやうなもんだったんです。……」（第九巻『土神ときつね』、２４８頁）

ところがこのあと、星雲の話になり、そして望遠鏡の話になり、結局は次のようになる。

「あゝさうさう、だけどそれは今度にしませう。僕あんまり永くお邪魔しちゃいけないから。」（第九巻『土神ときつね』、２４９頁）

ということで、樺の木には星の色が何を意味するか分からないままで終わってしまったのである。

では、星の色は何が決めているのだろうか。それは星の表面温度である。星の表面は熱の出入りがほぼ等しいので熱平衡状態にあり、熱放射と呼ばれる連続的な光を出している。物理の世界では黒体放射と呼ばれるものである。例えば、太陽の表面温度は約６０００度なので、波長５００ナノメートル付近に熱放射のピークがくる。この波長帯は、色でいうと緑に相当する。しかし、太陽光は可視光全域に連続光として放射されている。そのため、すでに述べたように（２１６ページ）、ほぼ白色光として見える。

星の光度と星の表面温度にはよい相関がある。デンマークの天文学者アイナー・ヘルツシ

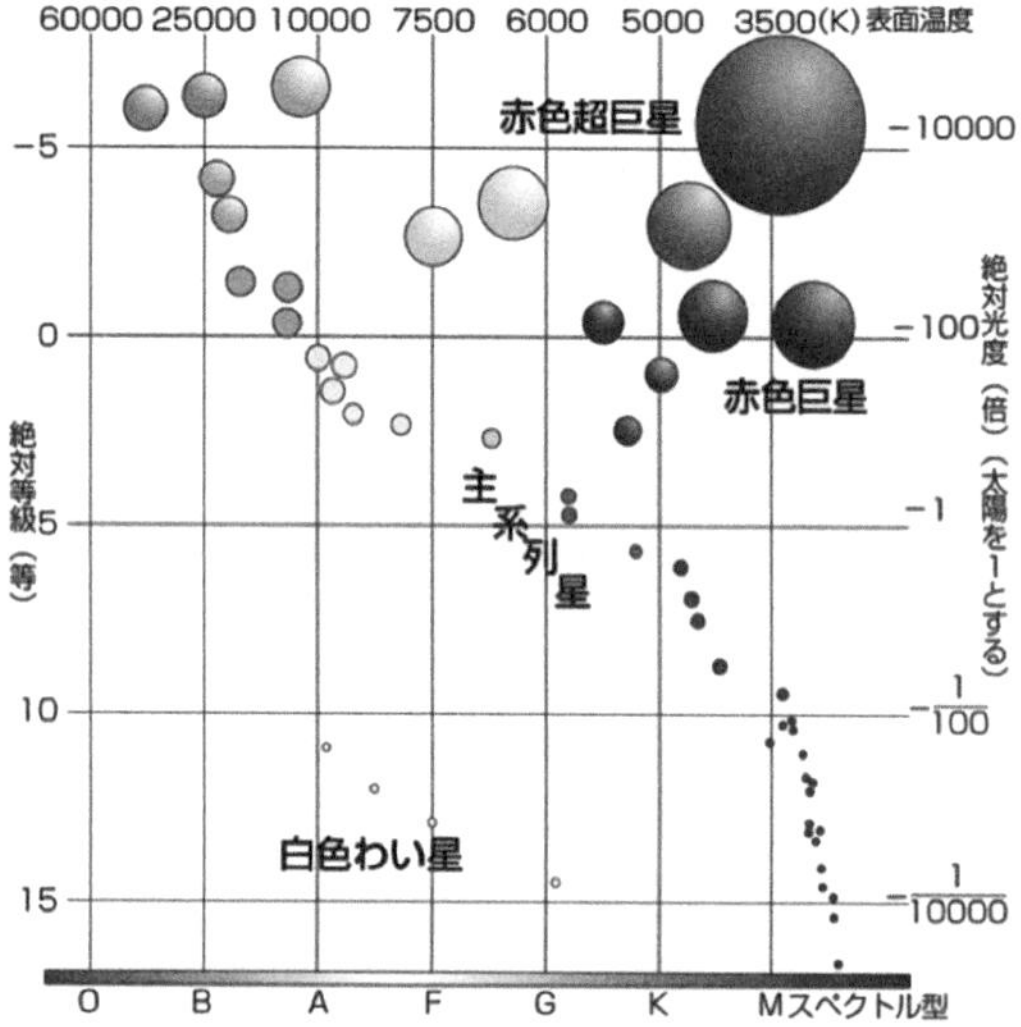

図2-43　星のヘルツシュプルング・ラッセル図（HR図）。左の縦軸は星の絶対等級。右の縦軸は太陽光度を基準にした星の絶対光度。一方、下の横軸に示されているのが星のスペクトル型で、上の横軸には星の表面温度が示されている。

ユプルング（１８７３-１９６７）と米国の天文学者ヘンリー・ノリス・ラッセル（１８７７-１９５７）は、星の光度（あるいは絶対等級）と表面温度（あるいは色やスペクトル型）を用いると、星を系統的に分類できることに気がついた（図２-43）。１９１０年のことである。そのため、図２-43は二人の名前に因《ちな》んでＨＲ図と呼ばれている。

この図で顕著なのは、左上から右下にかけて見える系列である。この系列に並ぶ星は、水素燃焼（陽子―陽子連鎖反応あるいはＣＮＯサイクル［注釈23〈３３０ページ〉を参照］でエネルギーを得ている星である。ＨＲ図で最も目立つ系列なので、この系列にある星は〝主系列星〟と呼ばれている。

他には右上に位置する、赤色巨星と赤色超巨星、そして左下に位置する白色矮星である。赤色巨星と赤色超巨星は中・小質量星や大質量星が進化の途上で、陽子―陽子連鎖反応が終わり、別の熱核融合のモードに入ったものである。また、白色矮星は赤色巨星の外層が吹き払われ、コアが重力収縮してコンパクトな星となって輝いているものだ。太陽も赤色巨星になったあと、白色矮星に進化していく。

夜空に見える星々の大半は主系列星だが、中には赤色巨星や白色矮星もある。あまり気にすることはないが、星の世界も通り一遍のものではなく、多様だということである。賢治はまさに多様な星の世界に心を寄せていたのかもしれない。

さて、賢治はアルビレオのことを次のように説明している。

窓の外の、まるで花火でいっぱいのやうな、あまの川のまん中に、黒い大きな建物が四棟ばかり立って、その一つの平屋根の上に、眼もさめるやうな、青宝玉（サファイア）と黄玉（トパーズ）の大きな二つのすきとほった球が、輪になってしづかにくるくると

まはってゐました。（１４８頁）

アルビレオの真実

アルビレオは図２‐42（２３９ページ）の右の写真を見ると分かるように、確かに美しい二重星である。はくちょう座β1星とはくちょう座β2星はそれぞれアルビレオAとアルビレオBと呼ばれることもある。では、二つの星は、いずれもアルビレオなのだろうか。じつは、そうではない。はくちょう座β1星（アルビレオA）のみがアルビレオと呼ばれる星である。これは、いろいろ混乱が起こることを憂慮して、国際天文学連合が２０１６年に決めた約束事である。

ここで注意すべきことは〝二重星＝連星〟ではないことだ。連星は実際に二つの星が近くにあり、お互いの重力圏内に入っており、公転運動している。しかし、二重星は連星の場合もあれば、そうでない場合がある。つまり、たまたま同じような方向に見えているだけで、連星を成していないケースが多々あるからである。そして、はくちょう座β1星とはくちょう座β2星は連星ではなく、単に見かけの方向が近いだけの二重星であることが最近になって分かった。２０１８年の夏のことだ。

実のところ、アルビレオが連星かどうか、長い間、論争状態が続いていた。なぜならば、連星かどうかを見極めるには、いくつか確定しなければならないことがあるからだ。

・太陽系からほぼ同じ距離にあるか
・天球面上での移動方向や速度は同じか
・連星として軌道運動しているか（つまり、重力的に結びついているか）

これらを調べる必要があるのだが、じつはそう簡単なことではない。そもそも、銀河系内の星の距離を正確に決めることもそれほど容易いことではないからだ。しかし、最近になって精密に星の位置を測定する宇宙望遠鏡ＧＡＩＡが活躍しだして、状況は劇的に改善された。そして、ＧＡＩＡのおかげでアルビレオの正体が分かった。残念ながら連星ではなく、たまたま同じような方向にある二重星であることが確定したのだ[*51]。

ＧＡＩＡのデータで年周視差を利用すると、アルビレオＡとＢまでの距離は、それぞれ３２８光年と３８９光年となった。61光年も離れていては、とても連星を作れない。太陽に一番近い星はケンタウルス座α星だが、距離は４・３光年である。ご存知のように太陽とケンタウルス座α星は連星とはなっていない。ちなみに、理科年表では、アルビレオＡまでの距離は４３４光年となっている。今までは過大評価されていたようだ。

また、ＧＡＩＡのデータを使うと固有運動も測定できる。固有運動とは天球面上での動きを意味する。アルビレオＡの固有運動は南南東へ１年間当たり16・66ミリ秒角である（１秒角は３６００分の１度。ミリ秒角はさらにその１０００分の１）。一方、Ｂのそれは西南西へ１・１３ミリ秒角。つまり、二つの星は異なる方向へ、異なる速度で動いていることになる。距離が離れていることもさることながら、天球面上での動く方向や速度まで異なっているのだから、二つの星は明らかに独立した星である。

では、先ほど見たアルビレオの説明は誤っているのだろうか。

窓の外の、まるで花火でいっぱいのやうな、あまの川のまん中に、黒い大きな建物が四棟ばかり立って、その一つの平屋根の上に、眼もさめるやうな、青宝玉（サファイア）と黄玉（トパーズ）の大きな二つのすきとほった球が、輪になってしづかにくるくるとまはってゐました。（１４８頁）

星の名前*	実視等	スペクトル型	Aからの角距離
アルビレオ A	3.18	K2型巨星	―
アルビレオ Ac	5.82	B8型特異星	0.22秒角
アルビレオ B	5.11	B8型矮性星	20.94秒角

＊ここでは、はくちょう座β星という名称の代わりにアルビレオを採用してある。

表２-７　アルビレオに関わる三個の星の性質

アルビレオが連星ではなく、単なる二重星なら、明らかに間違っている。ところが、そうでもないのだ。アルビレオは、実際には、かなり複雑なシステムなのである。なぜかというと、アルビレオA（はくちょう座β１星）自身が二重星なのである（表２-７）。アルビレオAのすぐそばにアルビレオAcと呼ばれる星があるのだ。天球面上での距離は０・０００３４６光年しか離れていない。視線方向にも距離があるので、アルビレオAとアルビレオAcの実際の距離はもう少し離れているだろう。しかし、かなり近いことは確かだ。そのため、この二つの星は連星であると考えられている。

そして、面白いことにアルビレオAcのスペクトル型はアルビレオBと同じB８型である。つまり、青白い星なのだ。

賢治は先の文章の続きで、以下のように記している。

> 黄いろのがだんだん向ふへまはって行って、青い小さいのがこっちへ進んで来、間もなく二つのはじは、重なり合って、きれ

いな緑いろの両面凸レンズのかたちをつくり、それもだんだん、まん中がふくらみ出して、たうたう青いのは、すっかりトパースの正面に来ましたので、緑の中心と黄いろな明るい環とができました。（148頁）

説明はさらに続く。

それがまただんだん横へ外れて、前のレンズの形を逆に〔繰〕り返し、たうたうすっとはなれて、サファイアは向ふへめぐり、黄いろのはこっちへ進み、また丁度さっきのやうな風になりました。（148頁）

これは連星をなしているアルビレオAとアルビレオAcで予想されることなのだ。まるで、賢治がアルビレオAcの存在を知っていたかのような文章である。

水沢の臨時緯度観測所

さて、アルビレオの観測所の話に戻ろう。

……銀河の、かたちもなく音もない水にかこまれて、ほんたうにその黒い測候所が、睡ってゐるやうに、しづかによこたはったのです。（１４８‐１４９頁）

ずいぶん静かな観測所のようだ。ただ、観測所が、ここでは測候所になっている。本書が準拠しているのは『銀河鉄道の夜』の第四次稿で、形式的には最終稿であるが、賢治の中ではまだ推敲中の状態であった。したがって、観測所と測候所との差にこだわる必要はない。

「あれは、水の速さをはかる器械です。水も……。」（１４９頁）

鳥捕りがこう言いかけたとき、車掌による切符の検札が始まり、ここで測候所（観測所）に関する話は途切れる。やや唐突だが、止むを得ない。

じつは、私は今まで知らなかったが、アルビレオの観測所のモチーフになったのは、岩手県水沢市（現在の奥州市）にあった緯度観測所である。緯度観測所は現在では国立天文台水沢ＶＬＢＩ観測所になっている。ＶＬＢＩは Very Long Baseline Interferometer の略で、超長基線電波干渉計[*52]のことである。

この緯度観測所は１８９９年に、臨時緯度観測所という名称でスタートし、１９２０年に臨時という言葉が消えて緯度観測所になった。東京大学付属の東京天文台の施設であったが、１９８８年の改組にともない、国立天文台の所管となった。

賢治は25歳のとき（大正十年、１９２１年）、当時の岩手県稗貫郡立稗貫農学校（のちの岩手県立花巻農学校で、現在では花巻農業高等学校）で教師になり数年間働くが、それ以前からときどき緯度観測所を訪れていた。科学に並々ならぬ関心を持っていた賢治のことだから、当然であろう。そして、その訪問は『風の又三郎』の初期形の原稿である『風野又三郎』に生かされている。

……その前の日はあの水沢の臨時緯度観測所も通った。……

（第九巻『風野又三郎』、28頁）

この一文を読むと、〝臨時〟緯度観測所になっている。〝臨時〟の言葉が取れて、緯度観測所になったのは１９２０年（大正９年）10月である。したがって、この一文についていえば、それ以前に〝臨時〟緯度観測所を訪れたときの記憶であろう。前年、日本女子大学で学んでいた妹のトシは病を得たが、回復したので故郷の花巻に戻ってきている。１９２０年といえば、不本意ながら家業（質屋と古着商）を手伝っていた頃である。臨時緯度観測所を訪れたのは、気晴らしの一つだったのかもしれない。

ところで、緯度観測所は発足当時から世界的な大業績をあげたことで有名であった。緯度観測所は名前の通り、緯度を正確に決めるための施設である。水沢と同じ緯度にあるが経度が異なる米国、イタリア、ロシアに設置された緯度観測所と共に、緯度の精密測定を行っていたのである。

〝経度とか緯度は決めたものだから変わらないものである〟と思われるかもしれないが、じつは微妙に変化する。それは地球の自転軸が地球の形状の軸（南北軸）と完全に一致していないためである。各地の緯度観測所のデータを精査すると、水沢のデータの質が一番よかった。そして、経度によらない緯度の測定には、ある補正項を入れればよいことが分かったのである。その補正項をZ項として提案したのは、初代所長の木村栄であった。そのため、木村の名前は世界に知れ渡ることになったのである。

これだけ有名な人がいるのだから、賢治が水沢に行かないわけがない。じつのところ、

『風野又三郎』には木村が実名で登場しているのだ。賢治の緯度観測所への思い入れはかなり強かったに違いない。

切符の検札

さて、また本文に戻ろう。車掌が検札にくるシーンだ。

> 「切符を拝見いたします。」三人の席の横に、赤い帽子をかぶったせいの高い車掌が、いつかまっすぐに立ってゐて云ひました。（１４９頁）

ここで、三人とは、ジョバンニ、カムパネルラ、そして鳥捕りである。鳥捕りとカムパネルラは雑作なく切符を取り出し、検札を受けた。ジョバンニはそもそも銀河ステーションを通ったかも分からないのだから、切符といわれても、困り果てる。ところがちゃんと切符を持っていたのだ。

ジョバンニは、すっかりあはててしまって、もしか上着のポケットにでも、入ってゐたかとおもひながら、手を入れて見ましたら、何か大きな畳んだ紙きれにあたりました。こんなもの入ってゐたらうかと思って、急いで出してみましたら、〔〕それは四つに折ったはがきぐらゐの大きさの緑いろの紙でした。（１４９頁）

それを見た車掌はなぜか急に落ち着きをなくし、ジョバンニに質問をする。

「これは三次空間の方からお持ちになったのですか。」（１４９頁）

不思議な問いかけだが、ジョバンニの切符の検札は無事に済んだ。ところが、ジョバンニの切符を見た鳥捕りが、これまた不思議な感想を述べることになる。

「おや、こいつは大したもんですぜ。こいつはもう、ほんたうの天上へさへ行ける切符だ。天上どこぢゃない、どこでも勝手にあるける通行券です。こいつをお持ちになれぁ、なるほど、こんな不完全な幻想第四次の銀河鉄道なんか、どこまででも行ける筈でさあ、あなた方大したもんですね。」（１５０頁）

今度は、三次ではなく、第四次という言葉が出てきた。多くの賢治研究者らが指摘するように、このような言葉使いはアインシュタインの相対性理論を意識してのことなのだろう。

特殊相対性理論

私たちが住む空間は三次元空間である。時間は流れているが、古典力学の範疇では、空間と時間は別物である。ところが、アインシュタインの相対性理論では、空間と時間がカップルしているので、空間三次元と時間一次元をあわせて、世界は四次元になる。

アインシュタインは特殊相対性理論を構築するときに、以下の二つの仮定をした。

・光速度不変の原理：真空中の光速度 c はいかなる慣性系でも同じ値をとる
・相対性原理：いかなる慣性系も等価である（つまり、絶対的な系はなく、すべての慣性系は区別できない）

特殊相対性理論の〝特殊〟は慣性系で観測したときにしか適用できない理論なので、付いている。加速度系にも適用できるようにしたのが、一般相対性理論である。

ところで、光速度不変の原理は、直感には合わない。つまり、部屋でじっとしていても、新幹線や飛行機に乗っても、光速度は変わらないことを意味するからだ。時速３００キロメートルの新幹線の中でも、新幹線が等速直線運動していれば、静止系と同じく慣性系である。すると、部屋の中でも、新幹線の中でも光速は同じになる。なぜか？　それは特殊相対性理論では、光速が同じになるように、三次元の空間と一次元の時間、つまり四つの次元がお互いに連携しているからである。[*53]　つまり、空間も時間も伸び縮みするということだ。

つまり、私たちの今いる場所も、正確には特殊相対性理論のいうところの四次元空間に他ならない。ただ、特殊相対性理論の効果は運動する速度が光の速度に近づいたときに、ようやく出てくるものだ。したがって、第四次の銀河鉄道という表現に特殊相対性理論の効果を期待するのであれば、銀河鉄道は光速に近い速度で走っていることが望ましい。

ここで気づくのだが、本文には**〝不完全な幻想第四次の銀河鉄道〟**と書かれている。そのため、果たして光速に近い速度であるかどうかは不明である。賢治はそのことを気にして**〝不完全な幻想第四次の〟**としたのかもしれない。

ところで、第八節の最後で〝『銀河鉄道の夜』では、少なくとも三つの世界があると考えてもよい〃と書いた。その三つの世界は以下の通りであった。

・ジョバンニ（賢治）が現実に生きている花巻
・銀河鉄道が走る世界（ジョバンニの空想世界）
・鳥捕りの住む世界

もし、鳥捕りの住む世界と銀河鉄道の走る世界が違うのであれば、鳥捕りの住む世界こそ、不完全な幻想第四次ではなく、完全な真の第四次の世界なのかもしれない。賢治は鳥捕りの住む世界のことを、どう思っていたのだろうか。

じつは、結論は『春と修羅』の序文の最後に出ている。

すべてこれらの命題は
心象や時間それ自身の性質として
第四次延長のなかで主張されます（第二巻『春と修羅』、10頁）

結局のところ、

・ジョバンニ（賢治）が現実に生きている花巻
・銀河鉄道が走る世界（ジョバンニの空想世界）
・鳥捕りの住む世界

は皆同じで、すべて四次元の時空にあるのだ。三次元の空間と一次元の時間、いずれも、正しく四次元の世界なのだ。

そして、私たちの読んでいる『銀河鉄道の夜』も第四次稿である。賢治はこれを意識して、三回もの大幅な書き直しをしたのだろうか。だとすれば、私たちは完全に賢治の掌《てのひら》で遊ばれていたことになる。

鷲の停車場へ

ところで、先ほどジョバンニの切符を検札した車掌は、銀河鉄道の予定を言い残す。

「よろしうございます。南十字《サウザンクロス》へ着きますのは、次の第三時ころになります。」（１４９頁）

車掌のこの言葉のあと、銀河鉄道は白鳥の停車場からすでにかなり離れ、今度は鷲の停車場に着こうとしていることがカムパネルラの言葉で分かる。

「もうぢき鷲の停車場だよ。」カムパネルラが向ふ岸の、三つならんだ小さな青じろい三角標と地図とを見較べて云ひました。（１５０頁）

この文章の中に、〝**三つならんだ小さな青じろい三角標**〟という表現が出てくる。これらの三つの三角標はわし座α星アルタイルを挟んだ三つの星のことを指しているのだろう。

天の川で起こる爆発

さて、また本文に戻ろう。今度は爆発にまつわる話だ。

ごとごとごとごと汽車はきらびやかな燐光の川の岸を進みました。向ふの方の窓を見ると、野原はまるで幻燈のやうでした。百も千もの大小さまざまの三角標、その大きなものの上には赤い点点をうった測量旗も見え、野原のはてはそれらがいちめん、たくさんたくさん集ってぼおっと青白い霧のやう、そこからかまたはもっと向ふからかときどきさまざまの形のぼんやりした狼煙のやうなものが、かはるがはるきれいな桔梗いろのそらにうちあげられるのでした。じつにそのすきとほった奇麗な風は、ばらの匂でいっぱいでした。（１５４頁）

そして、関連する文章が１６１頁にある。

……その時向ふ岸ちかくの少し下流の方で見えない天の川の水がぎらっと光って柱のやうに高くはねあがりどぉと烈しい音がしました。
「発破だよ、発破だよ。」カムパネルラはこおどりしました。（１６１頁）

着目すべきは次の一文、

ときどきさまざまの形のぼんやりした狼煙のやうなものが、かはるがはるきれいな桔梗いろのそらにうちあげられるのでした。

これと、もう一つの言葉、

「発破だよ、発破だよ。」

である。〝うちあげられる〟と〝発破〟。これらから連想される現象は爆発である。この〝発破〟は、じつは工兵隊の架橋演習である。それは「発破だよ、発破だよ。」の言葉の前に、以下の一文があるので分かる。

「あゝあれ工兵の旗だねえ。架橋演習をしてるんだ。けれど兵隊のかたちが見えないねえ。」（１６１頁）

天文学で爆発というと、新星と超新星の二つが思いつく。両方とも〝新しい星〟と名づけられているが、新しい星ではない。死に際にある星が引き起こす現象である。ここでは、架橋演習ではなく、天の川で起こる発破について考えてみることにしよう。

新星

新星は見かけの明るさが変わる変光星の一種だが、激変星に分類される。白色矮星が他の星（赤色巨星など）と連星をなしている場合、パートナーの星の外層から白色矮星へとガスが流れ込む。その時、白色矮星の表面で熱核融合が起こる。つまり、爆発現象が起こる。そのため、急激に増光し、新星として観測されることになる。新星は天の川銀河で年間10個程度は出現している。また、アンドロメダ銀河などの近傍にある銀河でも同じような頻度で新星が出現している。

歴史的には、最初に新星が発見されたのは紀元前2世紀まで遡る。古代ギリシアの天文学者ヒッパルコス（紀元前１９０‐１２５年頃）は、さそり座に新星が現れたことを目撃した。紀元前１３４年のことだ。それまでの宇宙観はアリストテレス（紀元前３８４‐３２２年）が提唱していた「星界は永遠に不滅である」という考え方が支配的であった。しかし、新星の発見で、ヒッパルコスは〝変化する宇宙〟に最初に気づいた人であったといえる。

ところで、賢治の作品に『おきなぐさ』という短い物語がある。この物語は次の一文から始まる。

うずのしゅげを知ってゐますか。（第九巻『おきなぐさ』、１７９頁）

〝うずのしゅげ〟は〝おきなぐさ〟のことである。この物語の詳細をここで述べることはしないが、うずのしゅげの運命は想像を超えて過酷である。

なぜなら、運命は次のようになるからだ。

「さよなら、ひばりさん、さよなら、みなさん。お日さん、ありがたうございました。」

そして丁度星が砕けて散るときのやうにからだがばらばらになって一本づつの銀毛はまっしろに光り、羽虫のやうに北の方へ飛んで行きました。そしてひばりは鉄砲玉のやうに空へとびあがって鋭いみぢかい歌をほんの一寸歌ったのでした。

……

そんなら天上へ行った二つの小さなたましひはどうなったか、私はそれは二つの小さな

図２-44　チャンドラX線天文衛星が捉えた新星爆発の現場、GK Per（ペルセウス座GK星）。距離は約1500光年。現在の見かけの等級は約14等星。

変光星になったと思ひます。（第九巻『おきなぐさ』、１８３-１８４頁）

新星。それは、一つの潔い爆発である。

ここで、新星爆発の様子を見てみよう。ペルセウス座ＧＫ星という新星だ（図２-44）。最初の爆発現象が観測されたのは賢治が５歳、１９０１年のことだった。

図２-44を見るとどうだろう。

丁度星が砕けて散るときのやうにからだがばらばらになって一本づつの銀毛はまっしろに光り、羽虫のやうに北の方へ飛んで行きました。（第九巻『おきなぐさ』、１８３頁）

まさに、この表現の通りであることが分かる。

そして星の運命は？　じつは、ペルセウス座ＧＫ星などの新星は、確かに変光星の一種なのだ。

> そんなら天上へ行った二つの小さなたましひはどうなったか、私はそれは二つの小さな変光星になったと思ひます。（第九巻『おきなぐさ』、１８４頁）

情緒的な表現のように思われる賢治の文章だが、天文学的にはまったく正しい。

超新星

一方、超新星は大まかに二種類に大別される。一つはIa型超新星、もう一つはII型超新星である。

Ia型超新星は新星と同じようなシステムで、白色矮星の表面にどんどんガスが降り積もっていく場合に発生する。白色矮星は重力で潰れるのを、星の内部にある電子の圧力（縮退圧と呼ばれる）で抑えているが、それにも限界がある。ある質量を超えると堪えきれずに星全体が核爆発を起こす。これがIa型超新星として観測される。

一方、Ⅱ型超新星は太陽質量の10倍以上の質量を持つ大質量星の死である。大質量星の内部では水素原子核をヘリウムに核融合したあとでも、どんどん重い元素へと核融合が進む。しかし、鉄を合成したところでその反応は止まる。なぜなら鉄は核融合反応に対して安定な元素なので、それより重い元素へと核融合が進まなくなるからである。大質量星は重力で潰れないために核融合で熱を出してその圧力で崩壊を防いでいた。その圧力が消えるのだ。そのため、大質量星は重力崩壊し、星のガスはコアをめがけて落ちていく。そしてコアの表面に当たって弾《はじ》け飛ぶ。これがⅡ型超新星として観測されるのだ。コアは重力で縮み、中性子星やブラックホールになる。

天の川銀河で発見された超新星では、８個が肉眼で観測されている。有名なものは藤原定家（１１６２－１２４１）が著した『明月記』に記載されている、１０５４年に出現した超新星である。じつは、これが今では〝かに星雲〟という超新星残骸を生み出したのである（図２－31〈１９８ページ〉右下）。

天の川の中で新星や超新星が出現したとすると、

ときどきさまざまの形のぼんやりした狼煙のやうなものが、かはるがはるきれいな桔梗いろのそらにうちあげられるのでした。（１５４頁）

この一文と、

「発破だよ、発破だよ。」（１６１頁）

この文章の意味が分かる。

ところで、私は超新星を発見したことがある。１９８８年のことだった。当時、私は東京大学の木曽観測所に勤務していた。シュミット望遠鏡という広視野カメラがあるので、超新星を見つけるのはそれほど難しくはない。しかし、開所以来10年以上経過していたが、木曽観測所では一つも超新星が発見されていなかった。晴れていれば毎晩何枚もの写真が撮影されている。要するに、誰も超新星の発見には興味がなく、写真を調べて超新星が写っているかどうか確認していなかったのである。

そこで、試しに探してみることにした。１ヶ月ぐらいした頃、ようやく一つの超新星を発見することができた。ＮＧＣ ４７７２という名前の渦巻銀河の中に淡い光芒を見つけたのだ。その報告を受けて英国の天文学者らが確認観測を行い、超新星であることが確定した。その超新星は１９８８年に発見された五番目の超新星だったので、１９８８Ｅと名づけられた（図2 - 45）。日本人としては六番目、プロの日本人天文学者としては最初の発見になった。懐かしい思い出である。[*54]

図2 - 45　私が1988年に発見した超新星1988E 。東京大学木曽観測所の口径105センチメートルのシュミット望遠鏡を用いて発見された。

銀河の泉

超新星爆発は新星の爆発に比べて規模が大きいので、天の川の中にあるガス雲に大きな影響を与える。爆風で周辺のガスを温めるので、ガスの圧力が高くなり、天の川の円盤に直交する方向にガスを吹き上げる。まるで泉のようである。そのため、この現象は銀河の泉（galactic fountain）と呼ばれている（図2 - 46、２６８ページ）。高温（温度10万度から１００万度にもなる）の

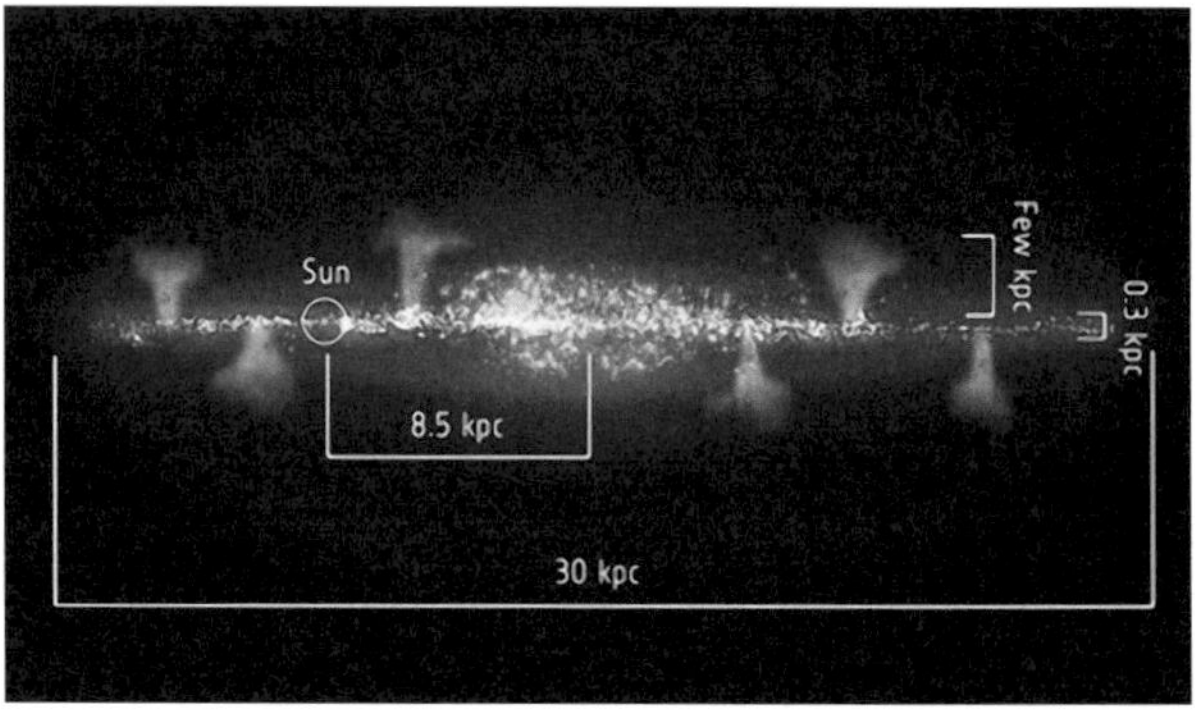

図2-46　銀河の泉（galactic fountain）の様子を示すイラスト。この図では距離の単位としてkpc（キロパーセク）が使われている。1kpc＝3260光年である。

電離ガスなので、X線で観測されている。

一方、中性水素原子ガスの様子から巨大なバブル（風船構造）としても観測される。これは低温の中性水素原子ガスがX線の高温ガスを取り囲んでいるのだ（図2-47）。

これらの姿を見ているとよく分かる。

かはるがはるきれいな桔梗いろのそらにうちあげられるのでした。（154頁）

〃はい、その通りです〃と言いたい。賢治は銀河の泉を知っていたのだろうか。そうとも思える記述ではある。不思議だ。

現在では電波からX線、ガンマ線に至るまで、すべての波長帯で宇宙を調べることができるよ

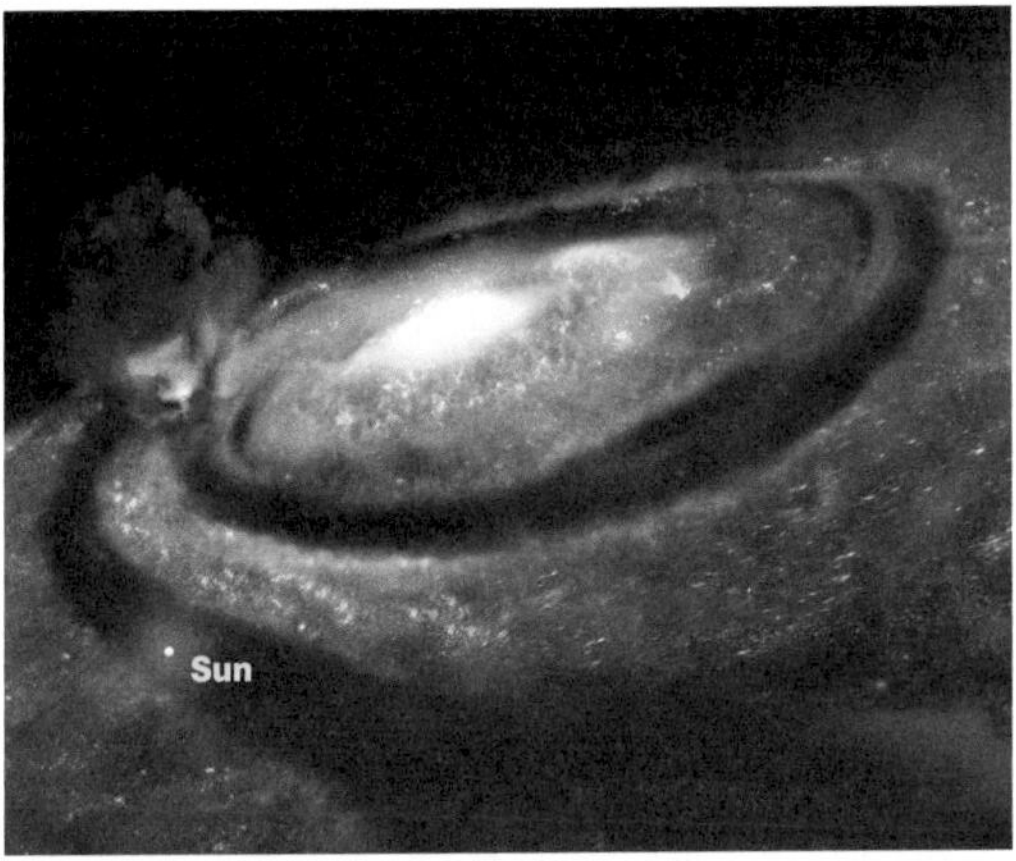

図２-47　中性水素原子ガスで捉えられたスーパーバブル。太陽系から２万3000光年の距離にある。銀河面から吹き上がる高さは１万光年にも及ぶ。100個ぐらいの超新星爆発の影響で高温のプラズマ塊ができて、周辺のガスを吹き上げていく。形成されてから1000万年から3000万年経過していると考えられている。

うになってきた。そのため、天の川の全貌がいろいろな観測から見えてきている。しかし、賢治の時代では肉眼で見える可視光の情報がほとんどであった。

　私たちが夜空を眺めて思うことは、そこは静かな世界であることだ。ところが、賢治の眼には、なぜかダイナミックな天の川が見えていたようだ。何億年というタイムスケールで天の川を見れば、そこでは星が生まれ、またある星は超新星爆発を起こして死んでいく。やはりダイナミックな世界が展開されているのだ。

また、太陽のような星も、じつはダイナミックに変化している。太陽表面ではフレアと呼ばれる爆発現象が頻繁に起き、時には地球に磁気嵐をも引き起こす。

考えてみれば、地球も常に変化している。地震もあれば台風やハリケーンが吹き荒れることもある。つまり、宇宙にある、あらゆる天体は常に変化しているのである。そして、宇宙自身も膨張し、変化し続けている存在なのだ。

もちろん、人を含む動物や植物も常に変化している。細胞はどんどん死んでいくが、新たな細胞が生まれている。そのため、見かけ上は同じ身体を保っている。しかし、１秒後の私は今の私ではない。同様に、星や惑星、銀河も明日には少し姿を変えている。しかし、形状としての生物や天体は、死を迎えるまでは極端に変化することはない。生きている間は〝動的平衡〟状態にあるからだ。賢治は彼独特の感性で動的平衡にある天の川に想いを馳《は》せていたのではないだろうか。

さて、〝発破〟というキーワードに反応して、天の川の中で起こる爆発現象である新星や超新星の話題を提供した。しかし、〝発破〟という言葉で、普通は新星や超新星のことは思い浮かべないであろう。やはり、私が天文学者だから思いついたことである。実際のところ、先ほど述べたように発破は架橋演習で行われていたものだ。賢治関係の書籍を眺めていたら、

『「銀河鉄道の夜」物語としての構造 宮沢賢治の聖性と魔性』（斎藤純著、洋々社、１９９４年、１９０頁）に、架橋演習の話が出ていた。

> ……列車が天の川の流れを横に見るようになった時、川岸に空の工兵隊の架橋演習らしい、発破による高くはね上がる水柱を見、烈しい水音を聞きます。これは一昔前の小学校の遠足などでよく見せてもらったもので、筆者も戦前東京の赤羽の工兵隊で見学し興奮した思い出を持っていますが、賢治もどこかで実際に見てよほど強い印象を持ったので、この少年たちの旅にとり入れたのでしょう。……

やはり、賢治の時代は現在とは違うということだ。

立派な苹果

さて、また物語に戻ろう。天文学者の立場からすると、さらに気になる文章が出てくる。

「どうもありがとう。どこでできるのですか。こんな立派な苹果《りんご》は。」

青年はつくづく見ながら云ひました。

「この辺ではもちろん農業はいたしますけれども大ていひとりでにいゝものができるような約束になって居ります。農業だってそんなに骨は折れはしません。たいてい自分の望む種子さへ播けばひとりでにどんどんできます。……」（１５５頁）

この会話は銀河鉄道に乗り合わせた燈台看守（１５４頁では燈台守になっている）がタイタニック号で命を落としたと思われる三人連れ（青年、六歳ぐらいの男の子、十二歳ぐらいの女の子［弟と姉］）に立派な苹果を差し出したときの会話である。二人の子供は睡《ねむ》っていたので、代わりに青年がお礼を述べているところだ。

さて、ここでいう〝立派な苹果〟は太陽の十倍以上の質量を持つ大質量星を思い起こさせる。そう思えば、直前で話題にした超新星爆発は、それらの大質量星が死ぬときに爆発したものだと考えることができる。それでよいのだが、一つ条件がある。それは、大質量星がどんどん、ひとりでに生まれなくてはならないことだ。ところが、それも説明はつく。

わし座のあたりも暗黒星雲がたくさん見事に見えている。つまり、星が生まれるような冷たい密度の高いガス雲があると思ってよい。そのようなガス雲で密度のムラができると、その密度の高くなった場所が自分自身の重力（自己重力と呼ぶ）で縮んでいく。そして、その中心領域（コアと呼ばれる）で熱核融合が始まると、それが星の誕生である。ガス雲の内部で密度が完全に一様になっているようなことはない。大なり小なりムラがあるのが自然界の掟だ。つまり、ムラさえあれば、あとは放っておけばよい。どんどん星が生まれてくるだろう。

　　自分の望む種子さへ播けば

　つまり、これは種子として、密度のムラの程度を指定してあげればよいということである。ガス雲の平均密度を$\langle \rho \rangle$とし、密度のムラの大きさを$\delta\rho$とすると、生まれる星の大きさは$\delta\rho/\langle \rho \rangle$で概ね決まるということを意味しているのだ。

　　大ていひとりでにいゝものができる[*55]

　こうして、わし座のあたりにあるガス雲の中で重力不安定性が引き金になって、星が自然発生的に生まれているとすれば、理解できる文章になっているのだ。

しかし、分子ガス雲の中で、重力の不安定性で星が自動的にできることを、当時の人が知っていたとすれば、それはそれで驚きである。ただ、星がガス雲の重力不安定性で生まれるという理論は１９０２年に提案されていた。

提案したのは英国の天文学者ジェームズ・ジーンズ（１８７７-１９４６）である。彼の名前にちなみ、ジーンズ不安定性と呼ばれるものだ。私は大学三年生のときに買った彼の著書“Astronomy and Cosmogony（天文学と宇宙進化論）”を読んでそれを知った。この教科書の初版は１９２９年なので、賢治の時代にも読もうと思えば読めた可能性はある。ただ、現在でも邦訳はないので、原著で読むしかなかっただろう。

賢治は洋書を日本橋の丸善書店から買い寄せていたので[*56]、購入していた可能性はある。ちなみに私の持っているものは１９６１年版である。

渡り鳥の謎

そして、また多くの鳥が群れ飛ぶことになる。考えてみれば『銀河鉄道の夜』にはたくさんの鳥が出てくる。鶴、雁、鷺《さぎ》、白鳥、そして孔雀もだ。さらに次の文章が読者の意表をつく。

「鳥が飛んで行くな。」（１５８頁）

「いまこそわたれわたり鳥、いまこそわたれわたり鳥。」（１５８頁）

まさに、鳥たちに渡るタイミングを教えているかのようなフレーズである。当時、そんなことができる人たち、あるいはそのようなことをする職種の方々がいたのだろうか。さすがに、そうとは思えない。したがって、『銀河鉄道の夜』の中だけでの出来事なのだろう。

では、ここでの渡り鳥とは何を意味しているのだろうか。天の川の中に渡り鳥はいない。いるとすれば、渡り鳥のような振る舞いをする天体ということになる。その天体は二種類しかない。星か、あるいはガスか。これら二種類だけである。果たして、どちらだろうか。考えてみることにしよう。

高速度星

まず、星だ。星ならば、高速度星と呼ばれるものがある。天の川の円盤の中の星々は、基本的には円盤の回転に従って運動している。銀河の中心の周りを約２億年の周期で、ぐるぐる回っている。太陽がそうだし、太陽の隣にある星もそうだ。

ところが変な動きをする星もある。その代表選手はバーナード星と呼ばれる星だ。米国の天文学者エドワード・エマーソン・バーナード（１８５７－１９２３）が１９１６年に発見した星だ。へびつかい座にあるこの星は、見かけの明るさが９・５等星。特に目立つ星ではない。ところが、この星は動きがおかしいのだ。わずか1年の間に、北の方向へ10・3秒角も動くからだ。速度にして、秒速１０８キロメートル。これは速い。

現在、バーナード星は太陽から6光年の距離にある。ケンタウルス座α星（4・3光年）に次いで太陽に近い星である。さて、この速度で運動を続けると、１万年後には３・８光年の距離まで太陽に近づいてくる。少し気になる星ではある。

バーナード星のような星は高速度星と呼ばれている。高速度星の多くは天の川の円盤ではなく、天の川の外側に広がるハローと呼ばれる領域にある星々である。つまり、今はたまたま太陽系に近いところにあるが、もともとは天の川の円盤にある星々と無関係に銀河系の中を運動しているものである。その多くは円盤の外側からやってくるので、円盤を横切るように垂直方向からやってくる。まさに渡り鳥のように、である。

壊れゆく星団

では、天の川の円盤部にある星が高速度星になることはないのだろうか。太陽のように円盤部にある星々は、基本的には銀河円盤の回転に乗って、約２億年の周期で運動している。そのため、太陽から観測すると、皆同じ向きにほぼ同じ速度で運動しているので、相対速度は小さい。低速度星ばかりになるはずである。つまり、太陽から見て高速で運動する円盤部の星はないはずである。しかし、実際にはある。それは星団が壊れて、バラバラに動き出した星々だ。

星団の種類

太陽は孤立した星だが、天の川銀河の星々の大半（約70％）は連星として存在している。さらに、孤立星や連星のほかに、星団と呼ばれる星の集団もある。

星団には三種類の階層がある（図２-48、表２-８、ともに２７８ページ）。アソシエーション、散開星団、そして球状星団である。

天の川銀河で観測される主な星団は散開星団と球状星団である。散開星団は約１０００個

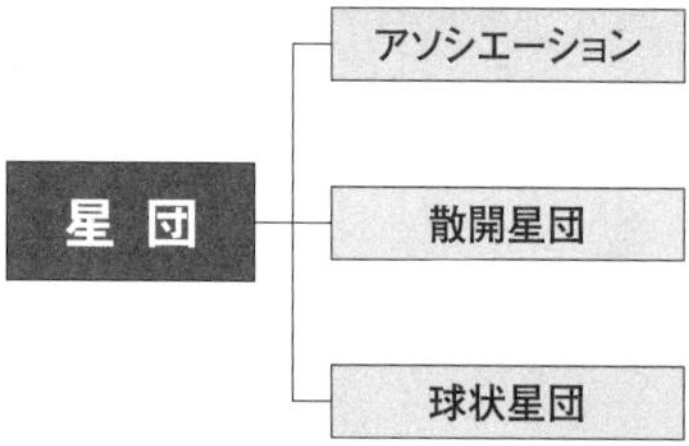

図2-48　天の川銀河で観測される星団の分類。

星団の種類	星の個数	銀河系で観測される個数	存在する場所
アソシエーション[a]	数個～数十個	約10個[b]	円盤部
散開星団	約1000個	約1100個	円盤部
球状星団	数万～数十万個	約150個	ハロー

[a] アソシエーションは存在している主たる星の種類で OBアソシエーション、Tアソシエーション、そしてRアソシエーションの三種類がある。OBはOB型星*57のことで太陽質量の10倍以上の質量を持つ大質量星が集まっている。Tはおうし座T型星のことで、主系列星になる前の若い段階にある星で、若い星生成領域で観測される。Rは反射星雲（reflection nebulaなのでRが使われている）に付随する星の集団である。
[b] OBアソシエーションの個数。

表2-8　三種類の星団

の星の集団である。星は分子ガス雲の中で生まれる。分子ガス雲には質量が太陽の１万倍から１００万倍もの質量を持つ、巨大分子ガス雲がある。大きさは10光年から数百光年にも及ぶ。そこでは、星がまとまって生まれることがあり、それらが散開星団として観測される。

最も有名な散開星団は昴《すばる》、プレアデス星団（M45）だろう（図２‐49）。大きさは35光年。すばる望遠鏡の名前にもなった星団だ。肉眼で見える星の明るさは６等星までだが、昴には12個もの星が６等星より明るい。ただ、実際に見てみると、認められるのは６個がよいとこ

図２‐49　（上）散開星団の昴（すばる）。おうし座の方向にあり、太陽系からの距離は450光年。（東京大学・木曽観測所）（下）散開星団の昴（すばる）［写真の上側に見える］と国立天文台すばる望遠鏡のツーショット。（国立天文台『国立天文台ニュース』2019年１月１日号、第306巻）

図2-50　OBアソシエーションの例であるηカリーナ星雲と星々。

ろだろうか。そのため、〃六《む》連星《つらぼし》〃とも呼ばれているぐらいだ。秋の夜長、何個見えるか挑戦してみるのも一興である。

天の川銀河の円盤部には、散開星団というほどではないが、星々が集まっているところがあり、アソシエーションと呼ばれている。アソシエーションをそれらしい日本語に訳すると〃団体〃になるが、散開星団よりは星の個数が少ない。昔の天文学の教科書には〃集落〃をもじって〃星落〃と記されていたものだ。さすがに、違和感を覚えたものである。〃星群〃のほうがましのように思うが、いかがだろうか。なぜなら、銀河の群は〃銀河群〃というからだ。図2-50にOBアソシエーションの例としてη《イータ》カリーナ星雲を示した。

アソシエーションと散開星団は比較的最近でき

図２-51　さそり座の方向に見える球状星団M4。半径35光年。太陽系からの距離は7175光年。
ESO Max Planck 2.2m Telescopeによるイメージ

た星団である（数百万年から数億年前）。また、比較的質量の重い星が集団で生まれているので、青い星が多いのも特徴である。

一方、これらと対極的な性質を示す星団が球状星団である（図２-51）。大きさは数十光年である。球状星団に含まれる星々は老齢であり、年齢は１２５億歳程度のものが多い。そのため大質量星ではなく、皆、小質量星であり、太陽質量の０・８倍より軽い星々だけが観測される（大質量星の寿命は数百万年から数億年なので、生まれたとしてもすでに死んでいる）。なお、球状星団は存在する場所もアソシエーションや散開星団と異なり、ハロー領域にある。

さて、銀河の円盤部にあるアソシエーションと散開星団の運命はどうなるのだろう。銀河の円盤部にあると、いろいろ厄介なことも起こりうる。それは巨大分子ガス雲との遭遇である。

太陽のような星は分子ガス雲の中で生まれる。重いものになると、ガス雲の質量は太陽質量の数百万倍にもなる。巨大といわれる所以《ゆえん》である。円盤の中にある星々は、これらの巨大分子ガス雲と遭遇するとその重力で散乱される。いわゆるスイングバイ現象が起こる。もしこのような遭遇が起こると、星々は銀河円盤による回転運動からずれて、あらぬ方向に動き出す。銀河円盤の中の高速度星の誕生である。

ところで、皆さんは北斗七星を知っていると思う。このお馴染みの北斗七星は星団が壊れて、星団にあった星が離ればなれになっていくところを見ているのである。もう星々は数十光年も離ればなれになっている。今は美しいひしゃくの形に見えているが、それもつかの間である。北斗七星はこれからもどんどん形を変えていくのである。今のうちに、その姿を楽しんでおこう。

さて、天の川の円盤部で生まれる散開星団やＯＢアソシエーションはいずれ壊れて、円盤

図２-52　ケンタウルス座の方向に見える球状星団オメガ星団。半径86光年。太陽系からの距離は1万7000光年。ESO2.2メートル望遠鏡 WFIカメラによる撮影

の中に紛れ込んでいく。場合によっては高速度星として観測されることがある。つまり、天の川の円盤に沿って飛んでくる渡り鳥もいるということだ。鳥捕りが儲かるはずである。

　では、球状星団はどうなのだろう。球状星団は穏やかなハロー領域にあり、悠々自適の生活をしている感じだ。しかも、ハロー領域には巨大分子ガス雲がないので、衝突する心配もない。

　ところが、なんと球状星団同士が衝突することがあるのだ。その例が通称オメガ星団である（図２-52）。明るく肉眼でも見えるので（見かけの等級は５・33等星）ケンタウルス座のオメガ星として登録されてい

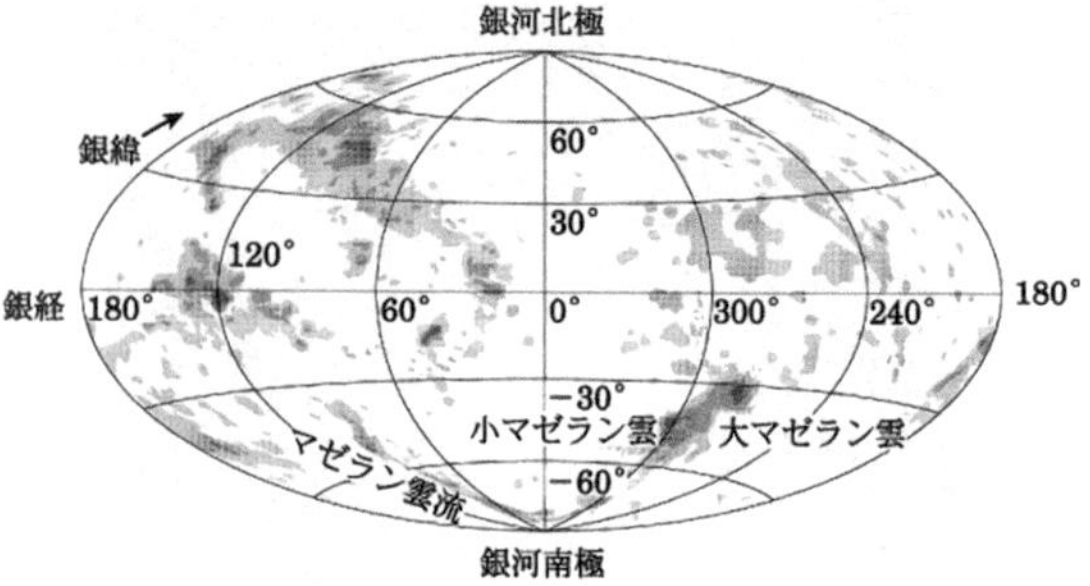

図2-53　銀河系で観測される高速度ガス雲の分布。この図は銀河座標で描かれているので、銀緯=0度（中央の横軸）が天の川の銀河面に相当する。

る（オメガ ケンタウリと発音される。記号ではω Cenで表されるが、発音はオメガ ケンではなく、オメガ センである）。この球状星団は二つの球状星団が合体して一つの球状星団になったと考えられている。ハローも安全な場所ではないようだ。

高速度ガス雲

次は、高速度ガス雲だ。天の川銀河のガス雲を調べてみると、太陽系の方向に秒速50キロメートルを超える速度で近づいてくるガス雲がいくつも見つかる。これらが高速度ガス雲と呼ばれるものだ。まるで銀河系の外から降ってくるようなガス雲である（図2-53）。こちらも、降ってくるという意味では、渡り鳥といってもよいだろう。

図2-53を今一度見てほしい。銀河面の南側（図で

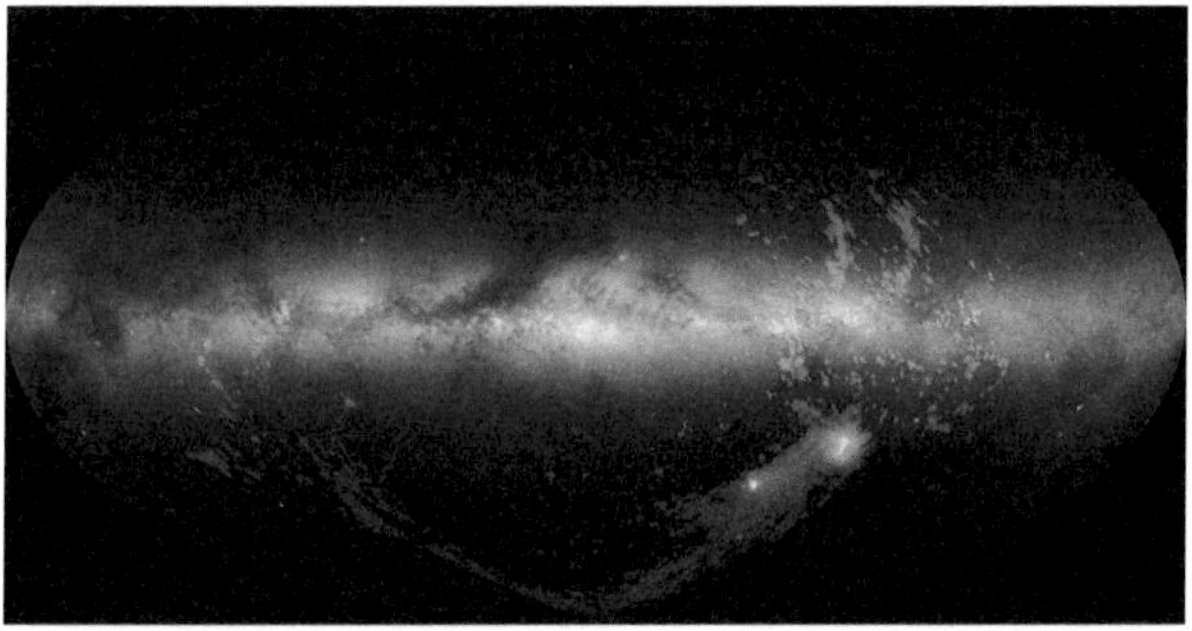

図2-54　マゼラン雲流の様子。

は下側）。大マゼラン雲と小マゼラン雲に付随するガス雲が見える。そのガス雲だけをクローズ・アップしたものを図2-54に示しておこう。この巨大なガス雲のシステムはマゼラン雲流（あるいはマゼラン・ストリーム）と呼ばれる。

このマゼラン雲流は1972年、北半球にある電波天文台で発見された。不思議な速度を持つガス雲として見つかったものだが、どうも南の空にさらに伸びているようだった。

そこで、その正体を探るべく、南半球のオーストラリアにある電波天文台に探査が引き継がれた。その結果、大小マゼラン雲との関係が判明したのだ。

当初、このマゼラン雲流の起源は、天の川銀河から被る潮汐力のせいだと考えられていた。しかし、そうではなく、大小マゼラン雲が遭遇して、お互いの潮汐力でマゼラン雲流が生成されることが分かった。

いずれにしても、マゼラン雲流やその他の高速度ガス雲が天の川に降り注いでいるのである。雲でできた渡り鳥である。

星ストリーム

ここで、星の渡り鳥に戻ろう。高速度星である。先ほど、高速度星のほとんどはハローにある星であるという話をした。では、なぜガス密度の低いハローに星があるのだろうか。

天の川銀河が生まれるときに、ハロー領域で星が生まれることは可能である。そういうハロー星も当然あるだろう。しかし、天の川の外から降ってきた星々もかなりあることが最近になって分かってきた。それは星ストリームという構造が次々と発見されてきたからだ。まずは、その例を見てみよう。

図2-55に示したのは、波長2マイクロメートルの近赤外線で見た天の川の姿である。銀河系のバルジ（円盤の中央部に見える膨らんだ構造）のやや左下に、長く伸びた構造が見えている。いて座の方向に見えるので、いて座ストリームと呼ばれているものである。このストリームは老齢な星々でできている。顕著な特徴は天の川（銀河面）と直交する方向に伸びて

いることである。

いて座ストリームの成因は衛星銀河の合体である。いて座矮小楕円銀河という軽い銀河が数十億年前に銀河系に降ってきて、その名残が見えているのである（図２‐56）。

天の川銀河には、いて座ストリームのような星ストリームが10個以上も発見されている。銀河の進化は実のところ、小さな構造の合体の歴史なのである。

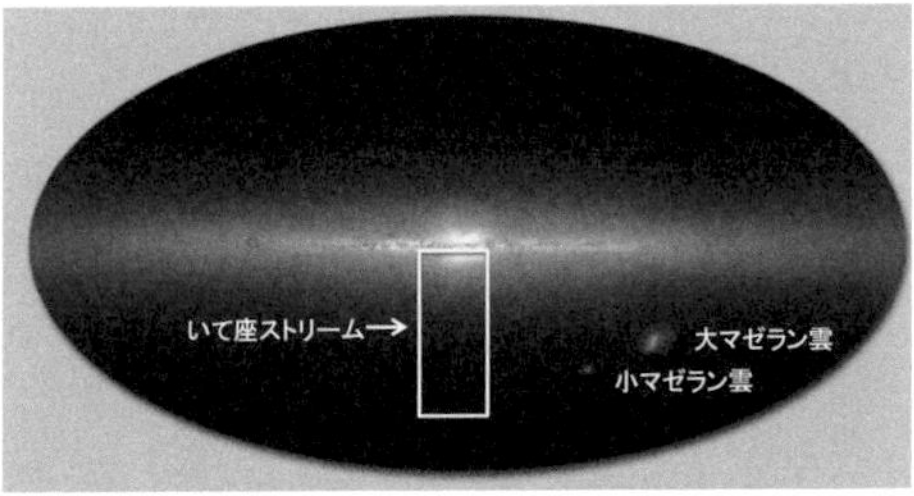

図２‐55　波長２マイクロメートルの近赤外線で見た天の川の姿。銀河系のバルジのやや左下に、長く伸びた構造が見えている。いて座の方向に見えるので、いて座ストリームと呼ばれている。（2MASS）

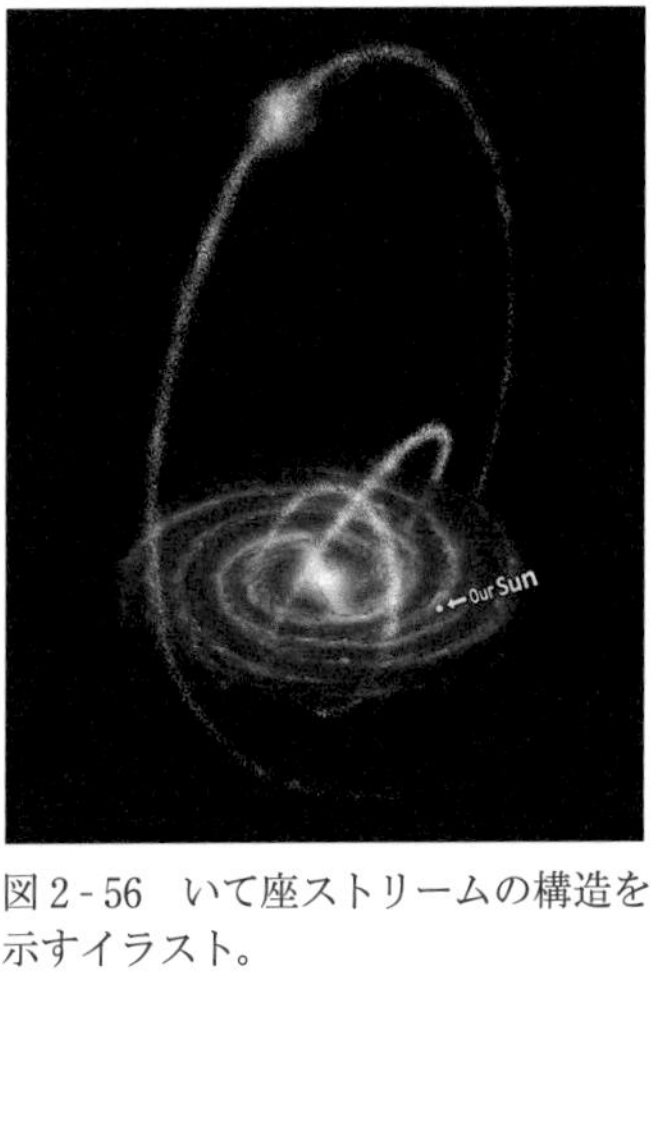

図２‐56　いて座ストリームの構造を示すイラスト。

本文には、さらに興味深い記述が見られる。

「あの人鳥へ教へてるんでせうか。」女の子がそっとカムパネルラにたづねました。「わたり鳥へ信号してるんです。きっとどこからかのろしがあがるためでせう。」（１５８頁）

いて座ストリームのような構造は銀河系の周りを10億年以上の時間をかけて周回運動しながら伸びていく。したがって、長い時間はかかるが、目を凝らして見ていれば、やがてやってくるストリームの星々が見えてくるだろう。つまり、狼煙《のろし》があがっているのだ。こう思えば、先の文章も論理的である。

以上のように、高速度ガス雲や星ストリームが頻繁に天の川銀河にぶつかってきている。つまり、二種類の渡り鳥が天の川に舞い降りてきているのである。鳥捕りの言葉に偽りはない。

鷺の秘密

この二種類の渡り鳥は、おおむね天の川に垂直な方向から降ってくる。ところが、降ってきて天の川（銀河面）を横切るとき、両者の振る舞いは異なる。星ストリームの場合は何事もなかったかのように、銀河面を突っ切って抜けていく。星ストリームにある星々は天の川にある星々と衝突することは基本的にないからである。

ところが、ガスの場合は状況が異なる。降ってきたガス雲は天の川にあるガス雲と衝突し、止まってしまうのだ（図2‐57）。

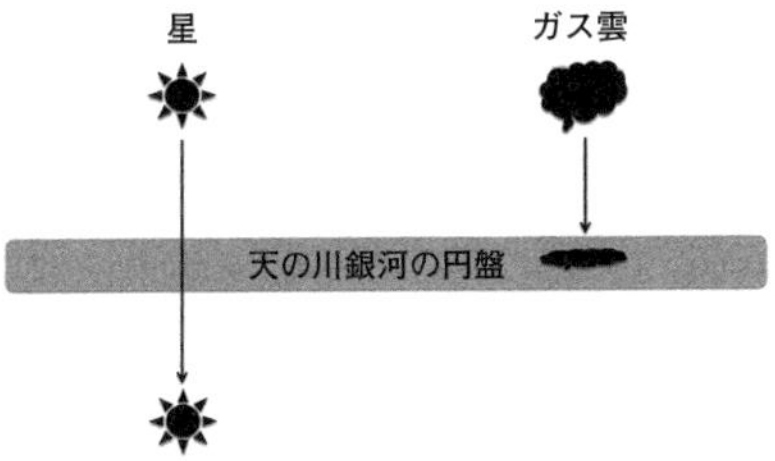

図2‐57　星ストリームは銀河面を突っ切ることができる（左）。しかし、ガス雲は天の川にあるガス雲と衝突し、天の川の円盤部にとどまる。

ここで、第八節、〃鳥を捕る人〃で出てきた次の文章を思い出してほしい。

「そいつはな、雑作ない。さぎといふものは、みんな天の川の砂が凝《ここ》って、ぼおっとできるもんですからね、そして始終川へ帰りますからね、川原で待ってゐて、鷺がみんな、脚をかういふ風にして下りてくるとこを、そいつが地べたにつくかつかないうちに、ぴたっと押へちまふんです。するともう鷺は、かたまって安心して死んぢまひます。あとはもう、わかり切ってまさあ。押し葉にする

だけです。」（１４４－１４５頁）

鳥捕りのいう鷺が高速度ガス雲だとすると、

鷺がみんな、脚をかういふ風にして下りてくるところを、そいつが地べたにつくかつかないうちに、ぴたっと押へちまふんです。

こういう運命になる。いやはや、こんなことになっていたとは。

二つにわかれる川

さて、銀河鉄道の旅は終わりに近づこうとしている。

……川は二つにわかれました。（１５７頁）

鷺の停車場を過ぎたところで、川は二つにわかれると言っている。これは、天の川の写真を見ると分かるのだが、暗黒星雲の帯が、銀河面以外にも、北西（方向としては右上）の方向に分岐していくことを指しているのだろう。こう考えると、以下に続く文章の意味がよく分かる。

> そのとき汽車はだんだん川からはなれて崖の上を通るやうになりました。向ふ岸もまた黒いいろの崖が川の岸を下流に下るにしたがってだんだん高くなって行くのでした。
> （159頁）

そして、銀河鉄道は次の停車場に向かう。

> そのとき汽車はだんだんしづかになっていくつかのシグナルとてんてつ器の灯を過ぎ小さな停車場にとまりました。
> その正面の青じろい時計はかっきり第二時を示しその振子は風もなくなり汽車もうごかずしづかな野原のなかにカチッカチッと正しく時を刻んで行くのでした。（159頁）

図2-58　鷲の停車場からサウザンクロス停車場（石炭袋が見えるところ）への道程。銀河鉄道は天の川の銀河面を直進しなかったのである。

コロラドの高原はどこにあるのか

こうして蝎の停車場に到着した銀河鉄道だが、じきに蝎の停車場を離れ、さらに南へと旅を続けていく。

> ……すきとほった硝子のやうな笛が鳴って汽車はしづかに動き出しカムパネルラもさびしさうに星めぐりの口笛を吹きました。
> 「えゝ、えゝ、もうこの辺はひどい高原ですから。」
> ……さうさうこゝはコロラドの高原ぢゃなかったらうか、ジョバンニは思はずさう思ひました。（159-160頁）

図2-58にコロラドの高原と思《おぼ》しき場所を示した

ので、ご覧いただきたい。そして、そこを過ぎると、急な下り坂になる。

> ……こっち側の窓を見ますと汽車はほんたうに高い高い崖の上を走ってゐてその谷の底には川がやっぱり幅ひろく明るく流れてゐたのです。
>
> 「えゝ、もうこの辺から下りです。何せこんどは一ぺんにあの水面までおりて行くんですから容易ぢゃありません。この傾斜があるもんですから汽車は決して向ふからこっちへは来な〔い〕んです。そらもうだんだん早くなったでせう。」（161頁）

これが、図2‐58に示した右下がりの点線である。これを下り切れば、終着駅の石炭袋の停車場へはもうすぐだ。旅の終わりは近い。

天の川の北に見える暗黒帯の正体

ところで、銀河面から離れた方向に、まるでバルジの形をなぞるように見える暗黒帯はなぜあるのだろうか。ガスやダストは銀河系の円盤部に沈殿しているほうが自然だ。実際、暗黒帯は銀河の円盤部をなぞるように見えている。

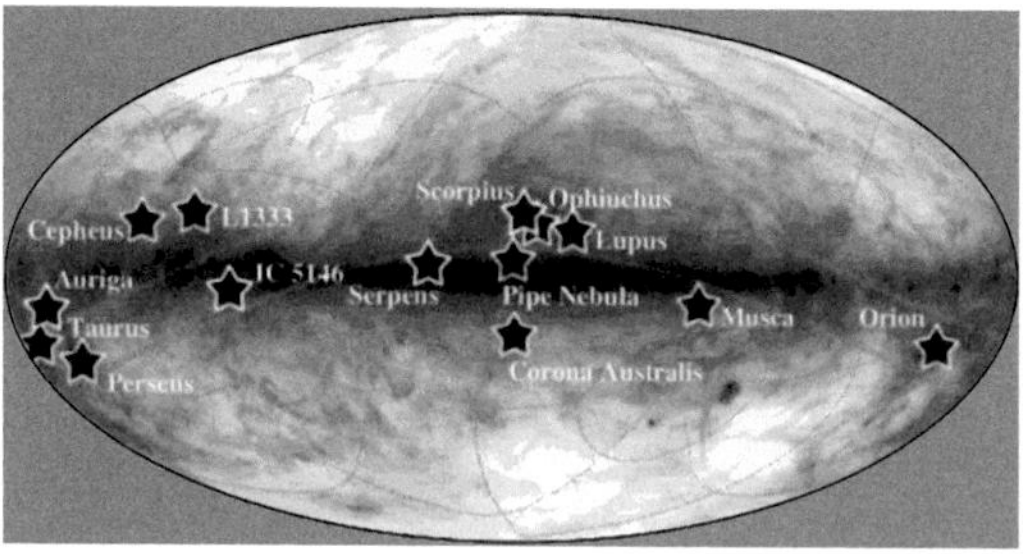

図２-59　グールド・ベルトとそれに関連する星座の星々。

この銀河面の北側に膨らんで見えている暗黒帯はグールド・ベルトとして知られている構造である（図２-59）。米国の天文学者ベンジャミン・グールド（１８２４-１８９６）が１８７９年に発見した不思議な構造である。約３０００光年のサイズがあり、不完全なリング状の領域である。しかも、銀河面に対して約20度傾いて存在している。

さそり座、ケンタウルス座、みなみじゅうじ座、そして冬の星座ではオリオン座、おおいぬ座にも及び、これらの星座の明るい星々がこのベルト帯にあるのだ。星が誕生している場所もたくさんある。実際、水素原子や一酸化炭素分子の観測でもこのグールド・ベルトが見えていることが分かっている。

このグールド・ベルトが銀河面の北側にある暗黒帯を形作っていることは確かだ。しかし、その成因はまだよく分かっていない。一つ重要な特徴は〝銀河面に対して約20度傾いて存在している〟ことである。銀河系が孤立したシステムであれば、このような構造を作るのは難しい。しかし、ストリーム構造のところで話をしたように、銀河系には小さな衛星銀河がたくさん降ってきている。そのような衛星銀河の衝突でできた構造だと思えば、理解できる。

調べてみると、そういうアイデアがすでに論文として公表されていた。著者はオーストラリアのニュー・サウス・ウェールズ大学教授の戸次《べっき》賢治である。約３０００万年前に、太陽質量の１０００万倍の質量を持つ〝何者〟かが、銀画面から傾いた軌道で降ってきたとすれば、グールド・ベルトの性質を説明することができると結論している。衛星銀河だとすると、かなり軽い。そのため、戸次はダークマター（暗黒物質）の塊ではないかと推察している。これは面白い説だ。

双子のお星さまのお宮の正体

旅の終わりに近づいて、聞きなれないお宮という言葉が出てくる。

「あれきっと双子のお星さまのお宮だよ。」（１６２頁）

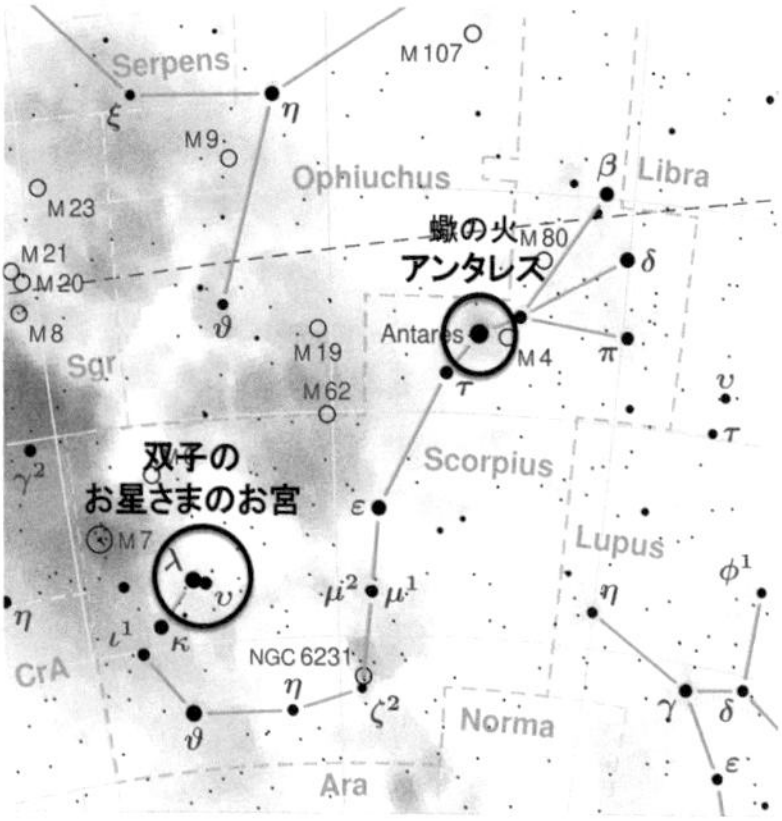

図2-60　さそり座の様子。アンタレスはさそり座の中で最も明るく、α星である。双子のお星さまのお宮の最もよい候補は蝎の尻尾の部分にある、さそり座λ星とν星である。

夜空に見える双子といえば、ふたご座を思い浮かべる。しかし、この双子のお星さまのお宮は違うようである。

そもそも、ふたご座は冬に見える星座である。銀河鉄道は冬の夜空ではなく夏の夜空を走っているからだ。双子のお星さまのお宮の候補はいろいろ議論されてきているが、一つの候補はさそり座にある。蝎の尻尾の部分にある、さそり座λ《ラムダ》星とν《ウプシロン》星である（図2-60）。

さそり座λ星は二等星で、じつは、さそり座の中にあって二番目に明るい星である。蝎の尾の部分にあるため、比較的目立つ星である。さそり座λ星とν星は物理的な連星ではないが（１８０光年も離れている）、二重星として見えている。よく目につくので。中国では〝尾宿〟、日本でも〝おとどい星〟という名前で知られている。〝おとどい〟とは愛媛県の方言で兄弟や姉妹のことを意味する言葉である。

ご存知のように賢治は夭逝した妹のトシのことをとても大切に思っていた。賢治はこの〝おとどい星〟に特別な思いがあったとしても不思議ではない。

突然の彗星見参

双子のお星さまのお宮の話のところで、唐突に彗星の話が出てくる。

「それから彗星《ほうきぼし》がギーギーフーギーギーフーて云っ〔て〕来たねえ。」（１６２頁）

賢治の生きていた時代、さそり座の方向に明るい彗星が出たことを思い出して書いた一文かもしれないが、さすがに意味が分からない。しかも、次の一文が続く。

図2‐61　明治43年（1910年）5月29日に撮影されたハレー彗星の勇姿。

「いやだわたあちゃんさうじゃないわよ。
それはべつの方だわ。」（162頁）

よく分からない表現だが、方角にこだわらなければ、ハレー彗星の可能性が高い。ハレー彗星は76年周期の周期彗星で、1910年に回帰して雄大な姿を見せたからだ（図2‐61）。

賢治はハレー彗星を見たのだろうか

ところで、賢治はハレー彗星を見たのだろうか。1910年といえば、賢治は14歳。盛岡中学で学んでいた頃のことだ。すでに宇宙への関心は並々ならぬほど持っていたので、見た可能性は高いと思っていた。ところが、どうも見なかったようなのだ。

『宮沢賢治第6号』特集「羅須地人協会」（洋々社、１９８６年）に須川力が〝ハレー彗星と宮沢賢治〟という論考を寄せている（１１４-１２１頁）。須川は水沢緯度観測所にいた天文学者である。須川も賢治はハレー彗星を見たはずだと思っていたのだが、賢治がハレー彗星を見た心象を一切残していないことを疑問に思い、弟の清六に訊いてみたそうだ。清六の返事は以下の通りとのことだ（１２０頁）。

　私は明治三十七年四月一日生まれで、ハレー彗星は両親と一緒に西北方の空に肉眼で大きく、はっきりと見て感激しました。しかし、賢治は盛岡中学校の寄宿舎のなかになにかの事件だったか[*58]、なにかの理由でハレー彗星を見なかったように思います。あれだけのはっきりした彗星の出現という大事件をちょっとも書いていないというのは不思議です。

なんと、賢治はハレー彗星を見なかったのである。これは驚きとしかいいようがない。

蝎の火

さて、少しずつ終着駅に近づいていくが、その前に蝎の赤い火が見えてくる。

川の向ふ岸が俄かに赤くなりました。

……

「あれは何の火だらう。あんな赤く光る火は何を燃やせばできるんだらう。」ジョバンニが云ひました。

「蝎の火だな」カムパネルラが又地図と首っ引きして答へました。（１６２‐１６３頁）

ここに出てくる蝎の火は、さそり座のα星、アンタレスのことである（図２‐62）。太陽からの距離は約５５０光年で、見かけの明るさは０・９等星である。アンタレスは主系列星ではなく、赤色超巨星の仲間である（図

図2-62　さそり座のα星、アンタレス（撮影：畑英利）

2-43〈242ページ〉参照）。実際、肉眼で眺めても赤い星に見える。

太陽系の惑星では、火星が赤く見える。そのため、〝火星に似た星〟がその語源になっている。ただし、一般には〝火星（アーレス）に対抗する（アンチ）星〟を語源とする説も流布している。つまり、アンチ・アーレスが訛《なま》ってアンタレスとなったという説である。

そして、さそり座を離れ、南十字に近づいていく。その前に見える星座はケンタウルス座である。『銀河鉄道の夜』ではなぜか、ケンタウルと呼ばれている。

「あゝ、さうだ、今夜ケンタウル祭だねえ。」
「あゝ、こゝはケンタウルの村だよ。」（164頁）

ケンタウルス座はα星とβ星が一等星なので、南半球で見える星座の中では分かりやすい星座の一つだ。しかも、その西側に南十字があるので、南十字を探すガイドの役割もしてくれる（図2-63、302ページ）。

図2-63　石炭袋と南十字。南米チリ共和国のパラナルにあるヨーロッパ南天天文台で撮影された写真。二つのドームには口径8.2メートルの反射望遠鏡が収められている。左のドームの上に見える二つの明るい星がケンタウルス座のα星（左下）とβ星（右上）。

サウザンクロスと石炭袋

そして、銀河鉄道は終着駅に近づいていく。

「さあもう仕度はいゝんですか。ぢきサウザンクロスですから。」あゝそのときでした。見えない天の川のずうっと川下に青や橙やもうあらゆる光でちりばめられ〔〕た十字架がまるで一本の木といふ風に川の中から立ってかゞやきその上には青じろい雲がまるい環になって后光のやうにかかってゐるのでした。（165頁）

そして、カムパネルラが南十字のそばにある、星の見えないエリアに気がついて言った。

「あ、あすこ石炭袋だよ。そらの孔《あな》だよ。」（１６７頁）

石炭袋までの距離は約６００光年。見かけの大きさは数度にも及び、非常に目立つ暗黒星雲である（図２‐63）。実際の大きさも約30光年もあり、大きな星雲である。〝そらの孔〟という表現は、直接的で面白い。天の川の方向なので、本来ならばたくさんの星々が見えていてよいはずだ。

しかし、カムパネルラの言う通り、まさに夜空に孔が開いたかのように星が見えないのである。今では暗黒星雲であることが分かっているので、空の孔ではない。逆にこれから星々を生み出すようなガス雲が横たわっているのだ。ガス雲の中には光を散乱したり、吸収したりするダストもたくさん含まれている。そのため、背景からやってくる光が遮られ、その方向は暗く見えているのである。

天の川を見ると、石炭袋のように星が見えない領域があることは昔から知られていた。しかし、その正体が明らかになったのは、じつは20世紀に入ってからである。

そもそも、天の川の地図作りをしたウィリアム・ハーシェルですら、星が見えない領域のことを〝天空に開けられた穴〟と呼んでいたのだ。ただ、ハーシェルが見ていた〝天空に開けられた穴〟は石炭袋ではなく、さそり座やへびつかい座の方向に見えるものだった。いずれにしても、天文学の観測のプロが見ても、星が見えない領域は〝天空の穴〟という印象を受けたのだ。その意味では、カムパネルラの表現は的を射たものだったといえよう。

そしてハーシェルの疑問は、バーナード星の発見者であるバーナードに受け継がれることになったのである。バーナードはさそり座、やぎ座、カシオペヤ座にある星の見えない領域を、ナッシュビルのバンダービルト大学の付属天文台にあった望遠鏡を用いて写真による観測を行っていた。１８８４年の頃だ。彼は星の見えない領域をその名の通り〝星がない領域(star vacant region)〟と呼んでいたが、もう一つ別の名前も使っていた。それは〝小型のブラックホール〟という名前だった。これは現代の天文学で用いられているブラックホールとはまったく関係ない。まさにバーナードの印象として〝黒い穴〟という言葉が選ばれたのだ。

バーナードはその後も星の見えない領域の観測を続け、１９０６年に一つの論文を仕上げた。彼の結論はまだ推察の域を出ていなかった。そのため、二つの可能性を提示しただけであった。一つは〝天空の穴〟、そしてもう一つは〝遮光物質による見かけの効果〟。後者がいわゆる暗黒星雲のアイデアである。そして、１９１９年、１８２個もの星の見えない領域のカタログをまとめたとき、バーナードはようやく遮光物質説を受け入れるようになったのである。[*59]

これが大正八年のことだ。賢治がまだ『銀河鉄道の夜』の構想を得ていない頃である。カムパネルラが石炭袋のことを〝そらの孔〟だと言っても、なんの不思議もない時代だったのだ。

さて、カムパネルラの言葉に促されて、石炭袋を見たジョバンニは言う。

「僕もうあんな大きな暗《やみ》の中だってこわくない。きっとみんなのほんたうのさいはいをさがしに行く。どこまでもどこまでも僕たち一諸に進んで行かう。」（１６７頁）

カムパネルラの死

ところが、『銀河鉄道の夜』の終わりには、とても悲しい出来事が待っている。ジョバンニの大切な友人であるカムパネルラが川で溺れてなくなるからだ。その幕切れは、驚くほど唐突だ。

……俄《にわ》かにカムパネルラのお父さんがきっぱり云ひました。
「もう、駄目です。落ちてから四十五分たちましたから。」（１７０頁）

ジョバンニの決意を思い出そう。

「僕もうあんな大きな暗《やみ》の中だってこわくない。きっとみんなのほんたうのさいはいをさがしに行く。どこまでもどこまでも僕たち一緒に進んで行かう。」

この決意は儚《はかな》くも消えた。

石炭袋の明るい未来

しかし、ジョバンニよ、嘆くことはない。石炭袋は暗黒星雲である。そこには明日の星々を生み出す冷たい、密度の高い分子ガスがたくさんあるからだ。数千万年もすれば、石炭袋は美しい星々で彩られるだろう。まるでオリオン大星雲のようにだ。

図2-64　未来の石炭袋のクローズ・アップ。オリオン大星雲のような大星雲の宝庫となり、天の川の中でひときわ輝く場所になるだろう。（撮影：畑英利）オリオン星雲：CFHT

> 青や橙や緑や、うつくしい光でちりばめられて（136頁）

天空のオアシスになるはずだ（図2-64）。

さて、ここまでで天文学者の読む『銀河鉄道の夜』の解説は終わりになる。お付き合いいただき、深く感謝する次第である。

心象スケッチ

賢治は物語や童話だけでなく、多くの詩を書いた。ただ、詩については、賢治に言わせれば詩ではない。それは、大正十四年（1925年）二月九日に友人の森佐一に宛てた手紙を読めば分かる。

前に私の自費で出した「春と修羅」も、亦それからあと只今まで書き付けてあるものも、これらはみんな到底詩ではありません。私がこれから、何とかして完成したいと思って居ります、或る心理学的な仕事の仕度に、正統な勉強の許されない間、境遇の許す限り、機会のある度毎に、いろいろな条件の下で書き取って置く、ほんの粗硬な心象のスケッチでしかありません。（第十五巻　手紙番号＝２００、２２２頁）

『春と修羅』は１９２４年に賢治が自費で出版した詩集である。この詩集を眺めると、『銀河鉄道の夜』の布石になるようなスケッチが散見される。また、賢治が〝すきとほった〟目で未来を見つめていたのではないかと思われるものもあり、楽しい。

賢治の宇宙観は『銀河鉄道の夜』にもっともよく表れていることは確かだろう。しかし、他の作品でも賢治はさまざまな観点から宇宙を語っている。その意味では、『銀河鉄道の夜』以外の作品にも目を向けて、もう少し賢治の宇宙観について考えることも大切のように思う。皆さんも挑戦してみて、面白い物語を紡いでみてはいかがだろう。

あとがき

本書では、一人の天文学者として『銀河鉄道の夜』を読み解いてみた。お楽しみいただけたとすれば幸いである。

私は賢治になれないが、賢治も私になれない。百年の時を経て、二人が電気を通して交錯した感じもする。有機交流電燈はまだ灯っているのだろうか。

この〝有機交流電燈〟という言葉は、賢治の『心象ス〔ケツ〕チ　春と修羅』「序」（大正十一、二年）に出てくる。

　わたくしといふ現象は
仮定された有機交流電燈の

ひとつの青い照明です
（あらゆる透明な幽霊の複合体）
風景やみんなといつしよに
せはしくせはしく明滅しながら
いかにもたしかにともりつづける
因果交流電燈の
ひとつの青い照明です
（ひかりはたもち、その電燈は失はれ）
……

（第二巻『心象ス〔ケツ〕チ　春と修羅』「序」、大正十一、二年、7頁）

賢治の想いが心にしみてくる詩だ。

賢治の『銀河鉄道の夜』にある文章を読むと、現在の天文学で解釈できることが、あまりにも多い。もちろん、私の曲解に過ぎないのかもしれない。しかし、『銀河鉄道の夜』を読むと、たくさんのインスピレーションが湧いてきたことは事実だ。

天文学者の私が最も驚いた点は、本書で述べたように、賢治が天の川銀河（銀河系）を動的なものとして認識していたことだ。夏の夜空、天の川を眺めると、そこは静かな世界のように思える。しかし、銀河系は約2億年の周期で回転している。また、ガスの中から生まれる星がある一方で、寿命が尽きて死んでいく星もある。片時も止まっていないのだ。いわゆる〝動的平衡〟という状態のことだ。

私たちの身体もそうだ。日々多数の細胞が死んでいくが、新たな細胞が生まれ、ことなきを得ているからだ。いずれにしても、まだ天の川のことや銀河の世界がよく分かっていなかった時代に、賢治のような視点で『銀河鉄道の夜』という優れた童話を紡げる人は、賢治以外にはいなかったであろう。

末尾ながら賢治に深く感謝したい。彼の優れた著作がなければ、本書も成立しなかったからである。『銀河鉄道の夜』を読んで私の得た結論はただ一つ。

賢治には未来が見えていた。

花巻市にある羅須地人協会の建物の入り口にある連絡板には、

〝下ノ畑ニ居リマス　賢治〟

のメッセージが残されている（図C）。

賢治は、今でも下の畑にいるのだろうか。

そしてそこで、今夜も天の川を見上げるのだろうか。

もしそうなら、今夜も銀河鉄道の夜である（図D、３１４ページ）。

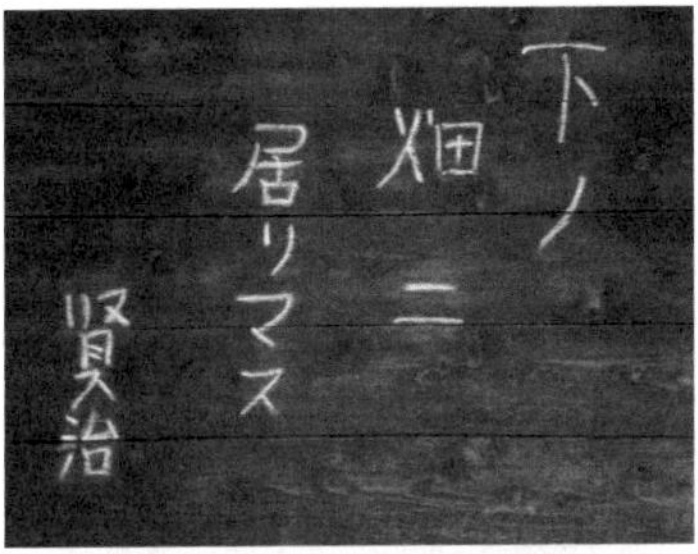

図C　花巻市にある羅須地人協会の建物の入り口にある連絡板。このチョークで書かれた文字を見て、ずいぶん綺麗に遺っているものだと、いつも不思議に思っていた。ところが、この文字は羅須地人協会と同じ敷地の中にある花巻農業高校の生徒さんたちが交替で書き継いでいるのだということを知った（『わたしの宮沢賢治 法律家から見た賢治』作花知志著、ソレイユ出版、2019年、58頁）。著者の作花知志いわく「**賢治の言葉を大切にしようとする人々の心が、それを書かせているのだと思います。**」まさに、その通りだと感じ入った次第である。

図D　天の川を眺める人。(写真提供：大西浩次)

謝辞

本書は賢治の『銀河鉄道の夜』を題材にして、天文学的な解説を試みるのが主な目的である。ただ、私自身は賢治の研究を生業としている人間ではない。しかしながら、正確な情報に基づく表現が要求される。そこで、賢治の研究者である文教大学教育学部の大島丈《たけ》志《し》教授に原稿をお読みいただき、プロの視点からコメントをいただくことにした。氏から寄せられた多数の貴重なコメントのおかげで、正確な情報に基づく表現ができたことに深く感謝いたします。もちろん、すべての文責は著者である私にあります。

さて、本書を書くきっかけとなったのは、友人である渡部潤一氏（国立天文台）が宮沢賢治に造詣が深く、いろいろ話す機会があったためである。したがって、渡部氏との交流がなければ、本書を書くことはなかっただろう。

また、本書を書き始めた段階では『銀河鉄道の夜』にとどまらず、賢治の他の作品や賢治にまつわる事柄に関しても原稿をしたためていた。そのため、数百頁に及ぶ分量になっていた。しかし、あまり多くの事柄に関して書かれたものは、視点が定まっておらず、読者の方々にはご迷惑がかかる。今回、『銀河鉄道の夜』に話題を絞って一冊の新書に仕上げたので、かなり分かりやすい構成になったのではないかと考えている。この方針を明快に示唆してくださったのは、光文社新書編集部の小松現氏と朝日新聞社科学コーディネーターの高橋真理子氏である。お二人のご助言がなければ、本書は日の目をみなかったであろう。

賢治の時代の天文学の発展状況については、天文学の歴史に関する知識が必須になる。この分野は筆者が疎い分野であるが、中村士《つこう》氏にいろいろご教示いただいた。また、賢治と東北帝国大学との関連については東北大学天文学教室の村山卓氏に有用な情報をいただいた。中桐正夫氏（国立天文台天文情報センター）には一戸直蔵に関する貴重な情報をいただいた。中桐氏は岡山天体物理観測所、すばる望遠鏡、ひので衛星など、国立天文台が建設・運用してきた天文台で大活躍された方である。現在は国立天文台アーカイブ新聞[*60]を発行しており、東京大学東京天文台と国立天文台の貴重な歴史的遺産の発掘に大きな貢献をされてきている。また、国立天文台の構内には通称〝中桐博物館〟と呼ばれる場所があり、そこでも貴重な天文遺産を目にすることができる。２０１８年の11月、中桐氏に案内していただいたが、素晴らしい天文遺産が陳列されており、目を奪われた。皆さんにも是非訪問していただきたい場所である。

馬場淳一氏（国立天文台）には天の川銀河の構造について、いろいろご教示いただくとともに、美しい図版のご提供をいただいた。また、グールド・ベルトについても情報をいただいた。

津村光則氏と大西浩次氏には今までにも、素晴らしい天体写真をご提供いただいている。本書でもいくつか使用させていただいた。

長野県でアマチュア天文家としてご活躍されている畑英利氏にも、素晴らしい天体写真をご提供いただいた。畑氏は長野県で中学校の先生を長年やってこられた方で、私が東京大学木曽観測所に勤務していた頃、日本天文学会の内地留学生として観測所でお仕事をされていた方である。その頃からの知り合いなので、30年来のおつきあいになる。畑氏は天文分野のみならず、オーロラの撮影でも名を馳せておられる方である。

四国星の会の竹尾昌氏は私が愛媛大学宇宙進化研究センターに勤務している頃から、天体観望会や講演会で大変お世話になってきている方である。今回もアマチュア天文家の大野実氏（愛媛県大洲市）をご紹介いただき、素晴らしい天体写真をご提供いただいた。

また、近藤光志《こうじ》氏（愛媛大学宇宙進化研究センター・宇宙プラズマ環境研究部門）にはオーロラに関する資料の提供とともに発光のメカニズムについてご教示いただいた。

ところで、本書を書き始めたとき、まさかオーロラに関することが出てくるとは思わなかった。私自身はオーロラの研究はしていないが、愛媛大学宇宙進化研究センターには宇宙プラズマ環境研究部門があり、近藤光志氏のようにオーロラの発生メカニズムに詳しい研究者がいたことは僥倖《ぎょうこう》であった。また、参考文献に『オーロラの話をしましょう』（赤祖父俊一著、誠文堂新光社、２０１８年）と『オーロラの科学』（上出洋介著、誠文堂新光社、２０１０年）を入れているが、じつは著者の2名の方々とは知り合いである。

まず、赤祖父俊一氏は母校（東北大学）の先輩でもある。私が理学部に入学した頃から、オーロラ研究の大家としてつとに有名であった。凄い先輩がいるものだと尊敬の念を抱いたものだ。縁は不思議なもので、２０１０年に愛媛県の松山市でお会いすることになる。しかも二人でジョイントの講演会を行ったのだ。

愛媛県西条市出身で世界的に有名なマッシャー（犬ぞり使い）がいる。和田重次郎（１８７５‐１９３７）という人で、アラスカ、カナダなどで金鉱の発掘などで名をあげた。彼を顕彰する会（ＮＰＯ法人）が松山市にあり、その会の招きで赤祖父俊一氏（当時はアラスカ大学国際北極圏研究センター名誉所長）が松山に来られたのだ。オーロラと宇宙について楽しい講演会になった。また、上出洋介氏（名古屋大学名誉教授）には愛媛大学宇宙進化研究センター開催の公開講演会に来ていただき、オーロラの話をしていただいた。その後、大学院博士課程先端科学特別コースで集中講義も行っていただいた。上出氏もオーロラ研究の国際的大家であり、北海道のりくべつ宇宙地球科学館の館長をされている。そのご縁で、私も科学館で講演会を行ったことがある。陸別は低緯度オーロラである赤気が見えるところとしても有名である。こうしてみると、ずいぶんとオーロラに縁があることに驚いてしまう。

放送大学の天文学ゼミの皆さんにも原稿を読んでいただき、貴重なコメントをいただいた。特に、吉岡一男・放送大学名誉教授には参考になる文献の提示もいただき、大変助けられた。

末尾で恐縮ですが、光文社新書編集部の小松現氏には本書の構想段階から刊行に至るまで、貴重なご助言とご努力をいただいた。

ここに、各氏に深く感謝させていただく次第である。

2020年6月

谷口義明

参考文献

［基本文献］

本書では宮沢賢治の作品からの引用は、基本的に以下の全集に準拠している。

『【新】校本　宮澤賢治全集』全16巻、別巻１（全19冊）、筑摩書房、１９９５年から２００９年）。

なお、次の文庫も役に立った。

『銀河鉄道の夜』（宮沢賢治著、角川文庫、１９９６年）

『新編　宮沢賢治詩集』（天沢退二郎編　新潮文庫、１９９１年初版）

［賢治に関する書籍］

・辞典系

『宮澤賢治語彙辞典』原子朗編著、東京書籍、１９８９年

『新装版 宮沢賢治ハンドブック』天沢退二郎編、新書館、２０１４年

『宮沢賢治幻想辞典 全創作鑑賞』畑山博著、六興出版、１９９０年

・科学者としての賢治に関するもの

『宮沢賢治とその展開――氷窒素の世界』斎藤文一著、国文社、１９７６年

『宮沢賢治と銀河体験』斎藤文一著、国文社、１９８０年

『宮沢賢治――四次元論の展開』斎藤文一著、国文社、１９９１年

『銀河系と宮澤賢治』斎藤文一著、国文社、１９９６年

『科学者としての宮沢賢治』斎藤文一著、平凡社新書、２０１０年

『宮澤賢治をめぐる冒険 水や光や風のエコロジー』高木仁三郎著、社会思想社、１９９５年

『宮沢賢治と化学』板谷英紀著、裳華房、１９８８年

・銀河鉄道の夜に関係するもの

『討議「銀河鉄道の夜」とは何か』入沢康夫、天沢退二郎著、青土社、１９７６年

『『銀河鉄道の夜』とは何か』村瀬学著、大和書房、１９８９年

『「銀河鉄道の夜」物語としての構造　宮沢賢治の聖性と魔性』斎藤純著、洋々社、１９９４年

『アインシュタインと銀河鉄道の夜』斎藤文一著、新潮選書、２００１年

『宮沢賢治「銀河鉄道の夜」を読む』西田良子編著、創元社、２００３年

『童話「銀河鉄道の夜」の舞台は矢巾・南昌山——宮沢賢治直筆ノート新発見』松本隆著、ツーワンライフ、２０１０年

『〔銀河鉄道の夜〕フィールド・ノート』寺門和夫著、青土社、２０１３年

『国立天文台ニュース』
https://www.nao.ac.jp/about-naoj/reports/naoj-news/

宮澤賢治生誕１２０周年記念連載『銀河鉄道の夜空へ』渡部潤一、『銀河鉄道の夜空へ』制作委員会編（現在までに以下の４編が出版されている）

壱　“Al Nokta ĉielo de la Galaksia Fervojo”　２０１６年12月号、33頁‐37頁
https://www.nao.ac.jp/contents/naoj-news/data/nao_news_0281.pdf

弐　〃午后の授業〃　２０１７年８月号、９頁‐16頁
https://www.nao.ac.jp/contents/naoj-news/data/nao_news_0289.pdf

参　〃ジョバンニの切符〃　２０１７年12月号、９頁‐20頁
https://www.nao.ac.jp/contents/naoj-news/data/nao_news_0293.pdf

四　〃銀河ステーション　アルビレオの信号場〃　２０１８年12月号、９頁‐16頁
https://www.nao.ac.jp/contents/naoj-news/data/nao_news_0305.pdf

・賢治論

『宮沢賢治論 ２ 詩研究』恩田逸夫著、東京書籍、１９８１年

『宮沢賢治のオノマトペ集』栗原敦監修、杉田淳子編、ちくま文庫、２０１４年

『宮沢賢治』吉本隆明著、筑摩書房、近代日本詩人選13、１９８９年：なお、これはちくま学芸文庫、１９９６年にも収められている

『宮沢賢治の見た心象 田園の風と光の中から』板谷栄城著、NHKブックス、１９９０年

『宮沢賢治 心象の宇宙論（コスモロジー）』大塚常樹著、朝文社、１９９３年

『わたしの宮沢賢治 法律家から見た賢治』作花知志著、ソレイユ出版、２０１９年

『賢治からの切符「銀河鉄道の夜」想索ノート』伊藤孝博著、無明舎出版、１９９５年

『作品論 宮沢賢治』萬田務、伊藤眞一郎編、双文社出版、１９８４年

『宮沢賢治の美学』押野武志著、翰林書房、２０００年

『賢治童話の気圏』吉江久彌著、大修館書店、２００２年

『宮沢賢治の真実 修羅を生きた詩人』今野勉著、新潮社、２０１７年

『宮沢賢治』[*61] 第６号、洋々社、１９８６年

『宮沢賢治』第17号、洋々社、２００６年

『賢治学』【第１輯】特集 岩手大学と宮澤賢治、岩手大学宮澤賢治センター編、東海大学出版部、２０１４年

『賢治学』【第２輯】特集 盛岡と賢治の思い出、岩手大学宮澤賢治センター編、東海大学出版部、２０１５年

『賢治学』【第５輯】特集 賢治学の現代的展開、岩手大学宮澤賢治センター編、東海大学出版部、２０１８年

『不思議の国の宮沢賢治 天才の見た世界』福島章著、日本教文社、１９９６年

『賢治論考』工藤哲夫著、和泉書院、１９９５年

『童話の宮沢賢治』中村文昭著、洋々社、１９９２年

『宮沢賢治 デクノボーの叡知』今福龍太著、新潮選書、２０１９年

・その他の観点から書かれたもの

『賢治と岩手を歩く』板谷英紀著、岩手日報社、１９８９年

『賢治と盛岡』牧野立雄著、賢治と盛岡刊行委員会、２００９年

『啄木賢治の肖像』岩手日報社、２０１８年

『兄のトランク』宮沢清六著、ちくま文庫、１９９１年

・その他、賢治と関連のある事項に関するもの

『自画像のゆくえ』森村泰昌著、光文社新書（１０２８）、２０１９年

『ゴッホはなぜ星月夜のうねる糸杉をえがいたのか』マイケル・バード著、ケイト・エヴァンズ絵、岡本由香子訳、エクスナレッジ、２０１８年

「天文学、気象学、地学、および物理学関係の書籍」

・科学全般

『理科年表』国立天文台編、丸善出版、２０１７年、第90冊

・天文学

『銀河進化論』塩谷泰広、谷口義明著、プレアデス出版、２００９年

『宇宙はなぜブラックホールを造ったのか』谷口義明著、光文社新書（９８９）、２０１９年

『クエーサーの謎』谷口義明著、講談社ブルーバックス、２００４年

『天の川が消える日』谷口義明著、日本評論社、２０１８年

『アンドロメダ銀河のうずまき』谷口義明著、丸善出版、２０１９年

『宇宙を読む』谷口義明著、中公新書カラー版、２００６年

・天文学の歴史

『宇宙観５０００年史』中村士、岡村定矩著、東京大学出版会、２０１１年

『現代天文学史 天体物理学の源流と開拓者たち』小暮智一著、京都大学学術出版会、２０１５年

『西洋天文学史』Michael Hoskin 著、中村士訳、丸善出版、２０１３年

『東洋天文学史』中村士著、丸善出版、２０１４年

『天文の世界史』廣瀬匠著、インターナショナル新書、２０１７年

・気象学

『オーロラの話をしましょう』赤祖父俊一著、誠文堂新光社、２０１８年

『オーロラの科学』上出洋介著、誠文堂新光社、２０１０年

『夜間大気光の不思議』塩川和夫、鈴木臣著、幻冬舎、２０１８年

『ICELAND オーロラのある風景 アイスランド一周・オーロラガイド』畑英利著、デザインエッグ、２０１７年（オンデマンド、ペーパーバック）

・地学と鉱物

『宮沢賢治の地学教室』柴山元彦著、２０１７年、創元社

『賢治と鉱物 文系のための鉱物学入門』加藤碵一、青木正博著、工作舎、２０１１年

『宮沢賢治の元素図鑑』桜井弘著、豊遥秋写真協力、化学同人、２０１８年

・明治・大正時代の天文学と物理学の教科書

『星學 全』須藤傳次郎著、博文館、明治三十六年：初版は明治三十三年（１９００年）

『改訂 天文講話』横山又次郎著、早稲田大學出版部、明治三十五年（１９０２年）

『宇宙発展論』スヴァンテ・アレニウス著、一戸直蔵訳、大倉書店、大正三年（１９１４年）

『最近の宇宙観』スヴァンテ・アレニウス著、一戸直蔵訳、大鐙閣、大正九年（１９２０年）

『書換へられたる物理學』竹内時男著、内田老鶴圃、大正十年（１９２１年）

『通俗講義　天文學 下巻』一戸直蔵著、大鐙閣、大正九年（１９２１年）

『天文學汎論』日下部四郎太、菊田善三著、内田老鶴圃、大正十一年（１９２３年）

[その他の書籍]

『星界の報告』ガリレオ・ガリレイ著、山田慶児訳、谷泰訳、岩波文庫、１９７６年

『星界の報告』ガリレオ・ガリレイ著、伊藤和行訳、講談社学術文庫、２０１７年

『新歳時記 秋』平井照敏編、河出書房新社、２０１５年 復刻版初版

注釈

＊1 本書では作品名は『……』で示すことにする。しかし、雨ニモマケズは作品ではなく、あくまでも手帳に書かれたメモとして扱われている。そのため『雨ニモマケズ』ではなく、〔雨ニモマケズ〕とした。『【新】校本 宮澤賢治全集 第六巻 詩［V］本文編』１０８頁（筑摩書房、１９９６年）を参照。

＊2 啄木と賢治の関係は『啄木賢治の肖像』（岩手日報社、２０１８年）が参考になる。また、盛岡には〝もりおか啄木・賢治青春館〟があるので訪れてみるとよいだろう。この青春館の建物は旧第九十国立銀行本店の本館である。明治43年に竣工されたもので、とても趣がある。

＊3 記事は以下で読むことができる。http://www.asj.or.jp/geppou/archive_open/1935/pdf/193511.pdf

＊4 国立天文台ニュース、宮澤賢治生誕１２０周年記念連載『銀河鉄道の夜空へ』渡部潤一、『銀河鉄道の夜空へ』制作委員会編、弐〝午后の授業〟２０１７年８月号16頁に紹介されている。なお、『肉眼に見える星の研究』は国立国会図書館にある。https://ndlonline.ndl.go.jp/#!/detail/R300000001-I000000576370-00

＊5 日本ではケンタウルス座と呼ぶが、天文学の研究の現場ではセンタウルス座が用いられている。

＊6 賢治と『化學本論』の関係については『科学者としての宮沢賢治』（斎藤文一 著、平凡社新書、２０１０年）の91 - 95頁を参照されたい。

＊7 〝宇宙科学〟という用語は英語に直すと space science になる。そのため、宇宙空間（実際には太陽系内）での飛翔体（ロケットや宇宙望遠鏡）を用いた天文学的な研究分野を指す。したがって、宇宙科学という用語を使用する際には注意を要する。

＊8 天の川も銀河の一つなので、銀河系という名称の他に、天の川銀河と呼ぶことがある。

＊9　エーテルと聞くと酸素原子を含む有機化合物を思い起こすかもしれないが、ここでのエーテルは波動としての光が伝播する媒質のことを指す。それは『春と修羅』の最初のほうに出てくる。賢治はエーテルに対応する日本語して〝光素〟を当てはめて作品に用いている。「くろぐろと光素（エーテル）を吸ひ　その暗い脚並からは　天山の雪の稜さへ　〔〕ひかるのに……」（第二巻　詩［Ⅰ］本文篇、23頁）。もう一例あるが、そちらは次の歌稿である。「ほの青き　そらのひそまり、光素（エーテル）の弾条もはぢけんとす　みふゆはてんとて」（歌稿Ｂ４４９）（第一巻、２０９頁）。なお、〔〕については注釈24を参照されたい。

＊10　賢治が光素をどのように捉えていたかは定かではない。賢治の時代だと、光が伝播する媒質としてのエーテルが該当するのかもしれない。ただし、アイザック・ニュートンは光の最小単位として、仮説的に光素を考えていたので、こちらの可能性もある。〝くろぐろと光素（エーテル）を吸ひ〟と〝光素（エーテル）の弾条もはぢけんとす〟の表現は後者のほうに馴染むだろうか。

初期形一、二、および三については、『【新】校本　宮澤賢治全集』第十巻の16‐28頁、１１１‐１３１頁、および１３２‐１７７頁、そして最終形（第四次稿）は同第十一巻の１２３‐１７１頁で読むことができる。また、『銀河鉄道の夜』の原稿の変遷についてはいろいろと論考されてきている。参考になるものとして『「銀河鉄道の夜」物語としての構造宮沢賢治の聖性と魔性』（斎藤純著、洋々社、１９９４年）をあげておく。詳細な議論は『討議「銀河鉄道の夜」とは何か』（入沢康夫、天沢退二郎著、青土社、１９７６年）で展開されている。初期形からの変遷の様子は１３１頁に図で示されている。

＊11　『「銀河鉄道の夜」フィールド・ノート』（寺門和夫著、青土社、２０１３年）にも参考になる議論が展開されている。

＊12　M51は図１‐４の左にある渦巻銀河だが、右に見える小さな銀河ＮＧＣ５１９５と相互作用している。相互作用の様子については、拙著『アンドロメダ銀河のうずまき』（谷口義明著、丸善出版、２０１９年）を参照されたい。

＊13　ただし、現在ではクエスチョン・マーク星雲と呼ばれる、別の天体（銀河系内の星雲であるＮＧＣ７８２２）があるので注意されたい。

＊14　Wikipedia による情報。https://ja.wikipedia.org/wiki/フィンセント・ファン・ゴッホ

＊15　当時のパリでは日本の版画が大評判になっていた。ゴッホも夢中になったといわれている。特に、葛飾北斎の富嶽三十六景にある神奈川沖浪裏は、波頭が渦を巻いているように見えるので、『星月夜』のモチーフになったという説もある。『ゴッホはなぜ星月夜のうねる糸杉をえがいたのか』（マイケル・バード著、エクスナレッジ、２０１８年）

＊16　チャールズ・ホイットニーによる論考は以下に出ている。Sky and Telescope, 70, p.105, 1985 August および Sky and Telescope, 77, p.237, 1989 August。

＊17　『ゴオホサイプレスの歌』の項には四首の歌が載せられているが、校異篇によれば後半にある二首は一字下げで書かれているので、最初の二首だけが該当すると説明されている（第一巻　短歌・短唱校異篇、22頁）。

＊18　糸杉の英語名は本文に出てきたように、cypress（サイプレス）である。賢治の詩で使われているのはドイツ語の zypresse（ツュプレッセ）に由来する。賢治はこれに語尾に n をつけ、さらに大文字で ZYPRESSEN としている。これに関する考察は見田宗介による『宮沢賢治　存在の祭りの中に』（岩波現代文庫、２００１年）にあるので参照されたい（第二章　一　焼身幻想　ZYPRESSEN つきぬけるもの……世界にたいして垂直に立つ［１２１‐１２７頁］）。なお、見田によれば賢治は ZYPRESSEN をツイプレッセンと発音していたらしい。

＊19　森村も引用文献にあげているが、関連するテーマで以下の書籍がある。『ふたりのゴッホ ゴッホと賢治37年の心の軌跡』伊勢英子著、新潮社、２００５年。私の手元にはないが、機会があれば読んでみたい一冊である。

＊20　テキスト中では日本でポピュラーな呼称となっている〝ゴッホ〟を用いたが、van（ファン）は苗字の一部なので、ファン・ゴッホが正しい。

＊21　なお、この手紙の訳文は『銀河鉄道はどこからきたのか――宮澤賢治とファン・ゴッホを繋ぐ糸』稲賀繁美著、図書新聞、２６６４号、２００４年2月7日でも見ることができる。こちらのほうが発表年は早いが、『比較日本学教育研究センター研究年報』を主たる文献とさせていただいた。

＊22　Atacama Large Millimeter/Submillimeter Array。米欧日などが国際運用する電波干渉計である。口径12メートルのパラボラが54台、7メートルのパラボラが12台設置されている。

＊23　太陽質量の3倍以上重い星では中心部の温度が２０００万度を超える。そのため、同じ水素燃焼でも、陽子―陽子連鎖反応ではなく、炭素・窒素・酸素を触媒として進行するＣＮＯサイクルと呼ばれる熱核融合が起こる。このサイクルでも、4個の水素原子核から1個のヘリウム原子核が生成される。

＊24　【新】校本の原稿の中にある〔〕は〝一字空き〟を意味する。つまり、原稿で一文字分だけ抜けがある状態を意味する。

＊25　国立国会図書館で見ることができる。http://dl.ndl.go.jp/info:ndljp/pid/981990

＊26　スターカウント、恒星計数観測と呼ばれる研究手法で、20世紀に入ってもこの手法は使われ続けた。また、銀河の分布や進化を調べるときは銀河計数観測が行われてきた。

＊27　ドイツのボン天文台が１８５２年から１８５９年の期間に及ぶ観測から作成した星表。北天で見える9・5等星より明るい星、32万４０００個の情報を含んでいた。

＊28　夏至の日はだいたい6月21日から22日頃なので、聖ジョバンニの祭りの日とは少しずれる。

＊29　じつは、もう一つ8月説をサポートする事項がある（流星雨）。

＊30　これは〔六〕銀河ステーションの節に出てくる。

＊31　星座の名前としてはケンタウルス座である。しかし、ケンタウルス座の中にある星の名前にはケンタウルスではなく、ケンタウリが使われる。例えば、星座の中で一番明るい星はα星だが、ケンタウルス座の場合はαケンタウリと呼ばれる。つまり、〝ケンタウルス座の〟を意味する所有格として〝ケンタウリ〟が使われる。賢治は当然このことを知っていたと思われるので、単に〝リ〟を〝ル〟に置き換えてケンタウルという言葉を創造した可能性はあるだろう。

＊32　伊藤孝博は『賢治からの切符「銀河鉄道の夜」想索ノート』（無明舎出版、1995年）で興味深い論考を展開している。……賢治が「五輪」的宇宙観に深い関心を持っていたことと、それを彼なりのものとして咀嚼した上でなお〈この五つだけでは欠ける相がある〉と感じていた気配があることをおさえておけばいいだろう。この「不足する相」を賢治が「天輪」として付け加え、それが「銀河鉄道の夜」で「天氣輪」のイメージに結実した可能性も、一つの見方としてありうると思われる。（48頁）

＊33　「星座名には漢字を用いない」という規則があるので、りゅう座、きりん座が正しい表記である。

＊34　『「銀河鉄道の夜」物語としての構造 宮沢賢治の聖性と魔性』（斎藤純著、洋々社、1994年）によれば、天気輪の正体として、最も有力な説は「念仏車説」であると紹介されている（159‐160頁）。小沢俊郎・萩原昌好が提唱した説とのことである。私は原著を読んでいないので、ここでは斎藤純の著書にある説明を紹介するだけにとどめる。「（念仏車とは）石造りの柱の中央よりやや下に円い鉄輪をはめこみ、天候や死後の菩提を祈ってガラガラ回すもの」と説明されている。やはり天文学者が出る幕ではない。ただし、斎藤純の著書では太陽柱説も含めて総括的な説明があるので、参考になる（157‐161頁）。

＊35　この節では、あくまでも天文学的な見地から天気輪の柱について考えていく。第五節でもいくつかの説を紹介したが、天文学的な見地からではなく、まったく別な観点からの解釈が松本隆による『童話「銀河鉄道の夜」の舞台は矢巾・南昌山——宮沢賢治直筆ノート新発見——』で提案されている。かなり信憑性の高い説なので、関心のある方は、ぜひお読みいただきたい一冊である。注43も参照されたい。

＊36　米地文夫の論文「『銀河鉄道の夜』の用語『三角標』の謎——宮沢賢治の地図や測量への関心をめぐって——」（『総合政策』第13巻第2号、２０１２年、１０３-１１８頁）にある図3を参照（１０６頁）。

＊37　『宮沢賢治　第14号』特集「銀河鉄道の夜」新考察（洋々社、１９９６年）に収められている斎藤純の論考「『銀河鉄道の夜』を読み解く三つの鍵」も参照されたい。

＊38　以下を参照されたい：『オーロラの科学』（上出洋介著、誠文堂新光社、２０１０年）第4章　オーロラの色はどう決まるのか、１１３-１１７頁、『夜間大気光の不思議』（塩川和夫、鈴木臣著、幻冬舎、２０１８年）第1章の図１-６（15頁）および第2章　中間圏の夜間大気光、36-42頁。

＊39　月が天球面を移動していく道筋は白道と呼ばれる。

＊40　『「銀河鉄道の夜」物語としての構造　宮沢賢治の聖性と魔性』（斎藤純著、洋々社、１９９４年、１５９-１６１頁）でダイヤモンド・ダストと太陽柱の説が紹介されている。以下も参照、「『銀河鉄道の夜』を読み解く三つの鍵」（『宮沢賢治　第14号』特集「銀河鉄道の夜」新考察、洋々社、１９９６年、１００頁）。

＊41
畑山博は『宮沢賢治幻想辞典 全創作鑑賞』（六興出版、１９９０年）の中で以下のように述べている。「たとえば『天気輪の柱』が、太陽柱という気象現象だとかいうことを、低次元なレベルで他を罵倒してまで言いつのるはよろしくない」（３６８頁）なお、この意見は最初の総論の幻想力学宣言の中でも述べられている（17頁）。畑山氏には何か嫌な思い出があるのだろうが、私自身は各人自由に考えてみるのがまずは大切だと考えている。私は天文学者だが、何か問題について考える場合、あらゆる可能性をまずあげてみることからスタートする。そしてさまざまな論拠をフェアーに考察して、最終的な答えとするのが常である。もちろん正解に至らない場合も多々あると思われるが、そういうやり方が自然科学では普通である。ただ、畑山氏の意見は推察するに「思い込みはよくありませんよ」という注意を促しているということだろう。肝に銘じておきたい。

＊42
天気輪の正体との兼ね合いはないが、「賢治が柳沢で見た現象は夜光である」とする説もある：『宮沢賢治とその展開——氷窒素の世界』斎藤文一著、国文社、１９７６年、29頁。『宮沢賢治の地学教室』柴山元彦著、創元社、２０１７年、１１９頁。

＊43
松本隆による『童話「銀河鉄道の夜」の舞台は矢巾・南昌山——宮沢賢治直筆ノート新発見』（ツーワンライフ、２０１０年）に非常に信憑性の高い説が披露されている。松本の結論をまとめると以下のようになる。・カムパネルラは誰か？　賢治の盛岡中学時代の寄宿舎で同室だった藤原健次郎である。・銀河鉄道の出発地はどこか？　岩手県矢巾町と雫石町の境にある南昌山の頂上である。・天気輪の柱は何か？　南昌山の頂上にある石柱群である。天気輪の柱のみならず、カムパネルラのモデルと銀河鉄道の出発地が無理なく理解できる説である。この本の4年後にも松本による著書がある。『宮沢賢治没後八十年記念出版 賢治が愛した南昌山と親友藤原健次郎 新考察「銀河鉄道の夜」誕生の舞台 物語の舞台が矢巾・南昌山である二十考察』（ツーワンライフ、みちのく文庫 Vol. 001、２０１４年）。関心のある方は併せて一読されるとよいだろう。少なくとも私は感銘を受けた。

＊44　ニュートンムック Newton 別冊『宇宙について知りたい68項目 ―― 星空と宇宙が圧倒的に面白くなる！』（ニュートンプレス、２０１４年）

＊45　斎藤文一は『科学者としての宮沢賢治』（平凡社新書、２０１０年）の中で、この〝第三時〟という言葉の意味を議論している。斎藤のアイデアは空を観測している地点が二ヶ所あるというものだ。一つは花巻、もう一つは花巻から見て地球の反対側、つまり南米にあると考える。すると、じつは4時間ではなく、時差が12時間あるので、16時間の旅になるというものだ。ただ、この場合でも、銀河鉄道は光速を超える速度で走ったことになる。

＊46　惑星状星雲の名前には惑星という言葉がついているが、惑星とはまったく関係ない。小望遠鏡で惑星を眺めると点状の恒星とは異なり、ある明瞭な面積を持った天体として観測される。惑星状星雲は小望遠鏡で眺めると、惑星のように明瞭な面積を持った姿で観測されるので、惑星状星雲という名前が付けられた経緯がある。命名したのはドイツ出身でイギリスの天文学者ウィリアム・ハーシェル（１７３８‐１８２２）である。

＊47　星のコア（中心領域）でヘリウム燃焼（熱核融合のことを天文学では〝燃焼〟と呼ぶ）が終了すると、コアは酸素と炭素の原子核で占められる。そのコアの周りではヘリウム燃焼殻ができ、その外側には水素燃焼殻ができる。さらに外側では対流の効果で広がった外層ができる。このような状態の星は漸近巨星枝（ぜんきんきょせいし）星（Asymptotic-Giant-Branch star; AGB 星）と呼ばれる。その後、外層が収縮して星の表面温度が上昇する。光度はほぼ同じなのでＨＲ図上では右から左（低温から高温）へと移行する（第九節の〝星の色〟の項と図２‐43〈２４２ページ〉を参照）。表面温度が数万度を超えると大量の紫外線が放射されるようになるが（このような状態になった星は〝惑星状星雲核[Planetary Nebula Nucleus: PNN]〟と呼ばれる）、これらの紫外線によって外層から放出されたガスが電離される。この電離されたガスが惑星状星雲として観測されるのである。

＊48 ただし、水晶は複屈折することに注意されたい。つまり、偏光の具合によって、透過したときに光線が二つに分けられてしまう。複屈折で最も馴染みのあるものは方解石である。

＊49 数千万年より短いタイムスケールで見ると、星の誕生はその星が生まれた場所に大きな影響を与える。大質量星が生まれた場合は、紫外線が大量に放射されるので、周辺の分子ガスや原子ガスを解離したり、電離したりする。このような電離ガスの雲ができると、その領域からさまざまなイオンからの輝線放射が出てくる。散光星雲の誕生である。また、大質量星は数百万年から数千万年の寿命しかなく、超新星爆発を起こして死ぬ。すると、今度は爆風波が周辺のガスに影響を与える。これから星が生まれようとしていた分子ガス雲を壊してしまうこともある。しかし、数億年以上のタイムスケールで考えると、ローカルな性質はだんだん消えていく。例えば銀河系の場合、約２億年の周期で銀河中心の周りを回っている。その間に他のガス雲との遭遇などが起こるので、平均化されていくのである。ただし、銀河の中心に近い場所のほうがガス雲の密度が高いので、星が生まれる頻度はより高くなる。その結果、超新星爆発の割合も高いので、星の内部で合成された重元素が周りに撒き散らされる。したがって、銀河の中心のほうが重元素の量は相対的に多い。これは化学組成勾配と呼ばれる。つまり、銀河の半径（動径）方向に沿って〝発掘調査〟をすることは重要である。

＊50 ただし、運動速度が光の速度に比べて十分遅い場合だけ、近似的に理解できることを忘れてはいけない。運動速度が光の速度に近づくにつれて、古典力学は破綻する。そこでは、アルベルト・アインシュタイン（１８７９‐１９５５）が１９０５年に提案した特殊相対性理論を使う必要が出てくる（表１‐４〈45ページ〉参照）。

＊51 このニュースについては下記を参照されたい。https://www.syfy.com/syfywire/long-standing-astronomical-mystery-solved-albireo-is-not-a-binary-star
また、日本語の記事はAstroArtsのサイトで読むことができる。
https://www.astroarts.co.jp/article/hl/a/10121_albireo

＊52 なお、超長基線電波干渉法という観測手法そのものを指す場合、VLBI は Very Long Baseline Interferometry の略になる。

＊53 この連携を決めているのは、ある変換式である。その変換はローレンツ変換と呼ばれている。特殊相対性理論が出る前から、電磁波の伝播を説明するために提案されていたものである。すべては整合的に上手くいっている。

＊54 日本人の発見した超新星のリストは国立天文台が提供している以下のサイトで見ることができる。
https://www.nao.ac.jp/new-info/supernova.html

＊55 じつのところ、私たちの住んでいる宇宙そのものも、ひとりでにいいものができた結果といえる。

＊56 この情報は『新装版 宮沢賢治ハンドブック』（天沢退二郎編、新書館、２０１４年）の〝アラビアンナイト〟の項目に出ている（20頁）。

＊57 ここでＯＢは恒星のスペクトル型を意味し、Ｏ型星とＢ型星のことである。太陽質量の10倍以上の質量を持つ大質量星で、比較的短命である（寿命は１０００万年より短い）。

＊58 １９１０年に回帰したハレー彗星は、日本では4月から5月にかけてその勇姿が観測された（図２‐61、２９８ページ）。賢治は盛岡中学の二年生になった頃のことだ。【新】校本の年譜を見る限り、その頃、賢治が何かトラブルに巻き込まれた形跡は見受けられない（第十六巻〈下〉補遺・資料 年譜篇、62頁）。

＊59 小暮智一による『現代天文学史 天体物理学の源流と開拓者たち』（京都大学学術出版会、２０１５年）を参照されたい（３２０‐３２９頁）。

＊60 下記のサイトで閲覧することができる。発行したニュースは１０００号を超えており、圧巻である。
http://prc.nao.ac.jp/museum/arc_news/

＊61 洋々社から刊行された『宮沢賢治』はシリーズ物で、第1号（１９８１年）から第17号（２００６年）までである。どの号にも興味深い論考が載っている。

本文図版制作　デザイン・プレイス・デマンド

谷口義明（たにぐちよしあき）
1954年北海道生まれ。東北大学理学部卒業。同大学院理学研究科天文学専攻博士課程修了。理学博士。東京大学東京天文台助手などを経て、現在、放送大学教授。専門は銀河天文学、観測的宇宙論。すばる望遠鏡を用いた深宇宙探査で、128億光年彼方にある銀河の発見で当時の世界記録を樹立。ハッブル宇宙望遠鏡の基幹プログラム「宇宙進化サーベイ」では宇宙のダークマター（暗黒物質）の3次元地図を作成し、ダークマターによる銀河形成論を初めて観測的に立証した。主な著書に、『宇宙はなぜブラックホールを造ったのか』（光文社新書）、『アンドロメダ銀河のうずまき』（丸善出版）、『天の川が消える日』（日本評論社）など多数。

天文学者《てんもんがくしゃ》が解説《かいせつ》する
宮沢賢治《みやざわけんじ》『銀河鉄道《ぎんがてつどう》の夜《よる》』と宇宙《うちゅう》の旅《たび》

2020年7月30日初版1刷発行

著　者 ── 谷口義明
発行者 ── 田邉浩司
装　幀 ── アラン・チャン
印刷所 ── 堀内印刷
製本所 ── ナショナル製本
発行所 ── 株式会社光文社
東京都文京区音羽1-16-6（〒112-8011）
https://www.kobunsha.com/
電　話 ── 編集部03（5395）8289　書籍販売部03（5395）8116
業務部03（5395）8125
メール ── sinsyo@kobunsha.com

R＜日本複製権センター委託出版物＞
本書の無断複写複製（コピー）は著作権法上での例外を除き禁じられています。本書をコピーされる場合は、そのつど事前に、日本複製権センター（☎03-6809-1281、e-mail : jrrc_info@jrrc.or.jp）の許諾を得てください。

本書の電子化は私的使用に限り、著作権法上認められています。ただし代行業者等の第三者による電子データ化及び電子書籍化は、いかなる場合も認められておりません。

落丁本・乱丁本は業務部へご連絡くだされば、お取替えいたします。
© Yoshiaki Taniguchi 2020　Printed in Japan　ISBN 978-4-334-04483-1

1055
搾取される研究者たち
産学共同研究の失敗学
山田剛志

突然届いた特許の「権利放棄書」、企業からの無理難題、研究者を守らない大学、心を病む助教、院生、学生……。産学共同研究政策は、研究者のためになっているのか？

978-4-334-04465-7

1056
芸術的創造は脳のどこから産まれるか？
大黒達也

創造性とは何か？　脳科学や計算論、人工知能に関する膨大な論文を通じて、「天からの啓示」とされる閃きのメカニズムを解析。カギは「脳の潜在記憶」にあった。

978-4-334-04466-4

1057
「自分らしく生きて死ぬ」ことがなぜ、難しいのか
行き詰まる「地域包括ケアシステム」の未来
野村晋

何が「地域包括ケア」の実現を不可能にしているのか。現役厚労官僚が柏市や岡山市での実践を基に具体的な行政手法を紹介。自治体や医療・福祉関係者、企業や市民に次の一歩を促す。

978-4-334-04467-1

1058
ぼくが見つけたいじめを克服する方法
日本の空気、体質を変える
岩田健太郎

自らもいじめられっ子だったという著者が、数々の経験の末に導き出した克服法とは。ダイヤモンド・プリンセス号の告発で注目の感染症医による、同調圧力を打ち破るための一冊。

978-4-334-04474-9

1059
ホークス3軍はなぜ成功したのか？
才能を見抜き、開花させる育成力
喜瀬雅則

千賀滉大、甲斐拓也、牧原大成、石川柊太、周東佑京、大竹耕太郎——なぜホークスだけが3軍制で大成功を収めたのか？　多くの選手・関係者への取材を元に解き明かす。

978-4-334-04470-1

光文社新書

1060

管理栄養士が伝える

長生き食事術

人生100年時代の「新・栄養学」入門

麻生れいみ

「食」を変えればカラダと人生が変わる——。明日の健康を手に入れる、未来の病気のリスクを減らすための「日常生活で何をどう食べるか」。シーン別の食事マネジメント術も公開。

978-4-334-04471-8

1061

深宇宙ニュートリノの発見

宇宙の巨大なエンジンからの使者

吉田滋

南極点の氷河に突き刺さった「宇宙からの使者」とは？　日本の物理学分野の最高峰・仁科記念賞を受賞した著者による、「高エネルギーニュートリノ」の発見をめぐるスリリングな物語。

978-4-334-04472-5

1062

フェイクニュース時代を生き抜く

データ・リテラシー

マーティン・ファクラー

虚偽に流され情報の蛸壺に陥らない方法をNYタイムズ元記者が指南。V字回復した同社にメディア再興の道も探る。日本の新聞は権力を離れて調査報道に注力し、紙信仰を捨てよ！

978-4-334-04473-2

1063

業界破壊企業

第二のGAFAを狙う革新者たち

斉藤徹

アマゾン、ウーバーなどに代表される、業界秩序や商習慣にとらわれず、斬新なビジネスモデルやテクノロジーによって、業界で〝一人勝ち〟する企業を一挙紹介。【大前研一氏、推薦】

978-4-334-04475-6

1064

歴史秘話

外務省研修所

知られざる歩みと実態

片山和之

外交官・人間としての「7つの美徳」と『勘』の養い方」とは？　華やかな外交の表舞台の対極に位置し、国家の命運をも左右しかねない「黒子の存在」を、現役の所長が初めて綴る。

978-4-334-04434-3

1065
笑わせる技術
世界は9つの笑いでできている

西条みつとし

「共感」「自虐」「裏切り」「安心」「期待」「無茶」「発想」「リアクション」「キャラクター」――日常会話から合コン、商談、スピーチ、お笑いのプロを目指す人まで使える新教科書。

978-4-334-04459-6

1066
「高学歴ワーキングプア」からの脱出

水月昭道

『高学歴ワーキングプア』刊行から13年、研究者であり僧侶でもある著者が、紆余曲折ありながらも行き着いた境地とは？ 元ポスドク、前野 ウルド 浩太郎氏との対談を収録。

978-4-334-04476-3

1067
日本の少子化対策はなぜ失敗したのか？
結婚・出産が回避される本当の原因

山田昌弘

1・57ショックから30年、出生率の低迷が続く日本。家族社会学者である著者が、少子化対策の的外れだった点を分析。いま直視すべき、日本に特有の傾向・意識、そして変化とは？

978-4-334-04468-8

1068
炎上CMでよみとくジェンダー論

瀬地山角

炎上する広告には必ず理由があり、近年その多くがジェンダーへの無理解を背景としている。炎上の構造を4つの象限で捉え直す、東大名物講義の「番外編」。

978-4-334-04469-5

1069
日本の映画産業を殺すクールジャパンマネー
経産官僚の暴走と歪められる公文書管理

ヒロ・マスダ

「日本再生の柱」と叫ばれたクールジャパン政策はなぜ失敗したのか？ 現役映画プロデューサーが官民の腐敗と怠慢を暴くとともに、「現場」に効く改革案を提言する。

978-4-334-04448-0

1070
座右の世阿弥
不安の時代を生き切る29の教え
齋藤孝

「いま、ウケることをやる」「思い込みにとらわれない」……。世阿弥の『風姿花伝』『花鏡』には「名言」が満載だ。その世阿弥の言葉を、今日的なわかりやすい表現で一挙紹介する。

978-4-334-04477-0

1071
高城式健康術55
医師が教えてくれない家庭の医学
高城剛

「僕は心地よく生きるために健康に気を配っている」――絶えず世界各地を行き来しつつ活躍を続ける著者が、パフォーマンスの質を保つために注目・実践する次世代の最新医療とは。

978-4-334-04478-7

1072
沖縄から貧困がなくならない本当の理由
樋口耕太郎

「沖縄問題」を突き詰めることは、日本の問題を突き詰めることであり、それは、私たち自身の問題を突き詰めることだ――。「コロナ後の世界」のありかたをも問う、鮮烈の問題作。

978-4-334-04479-4

1073
ＡＶ女優の家族
寺井広樹

親にはデビュー前に話したのか、兄妹には何を伝えたのか、そして子供には自分の仕事を明かすのか？　女優たちが赤裸々に語る「家族」の話から、新しい時代が見えてくる。

978-4-334-04480-0

1074
ＡＩとカラー化した写真でよみがえる戦前・戦争
庭田杏珠
渡邉英徳

戦前から戦後の貴重な白黒写真約３５０枚を最新のＡＩ技術と、当時者への取材や資料をもとに人の手で彩色。カラー化により当時の暮らしがふたたび息づく。

978-4-334-04481-7

光文社新書

1075

文学こそ最高の教養である

駒井稔＋「光文社古典新訳文庫」編集部 編著

社会を、人間を、広く深く知るのに最も役立つのが文学だ――。紀伊國屋書店新宿本店の人気イベントが書籍化。名翻訳者14人が初歩的な所から語りでナビゲートする古典文学入門編。

978-4-334-04482-4

1076

天文学者が解説する 宮沢賢治『銀河鉄道の夜』と宇宙の旅

谷口義明

賢治には未来が見えていた――。このユニークな童話はどのように構想され、賢治は宇宙に何を見ていたのか。これまでにないアプローチで作品の魅力に迫る。【渡部潤一氏推薦！】

978-4-334-04483-1

1077

南極で心臓の音は聞こえるか 生還の保証なし、南極観測隊

山田恭平

「南極大陸の奥に進むと、静かすぎて己の心臓の音が聞こえるという」――そんな伝説めいた話から南極を目指した著者による、1年4カ月の滞在記。南極観測隊のリアルが分かる一冊。

978-4-334-04484-8

1078

子規を「ギャ句」る 名句をひねると「ギャ句」になりました

夏井いつき

名句をもじって味わう遊びへの誘い。俳句の辛口先生が正岡子規をギャ句った作品を募集し採点。原句があるから誰でも始められ知識と技を同時習得。最小変化で最大効果を狙え！

978-4-334-04485-5

1079

小池百合子 権力に憑かれた女 ドキュメント東京都知事の1400日

和田泰明

【緊急出版！】メディアの特性を熟知した政治家・小池百合子。築地市場移転、東京五輪、新型コロナ対策など、4年間の彼女の実績を、「週刊文春」記者が徹底取材で明らかにする。

978-4-334-04486-2